METATEMAS 156

*

METATEMAS. LIBROS PARA PENSAR LA CIENCIA
COLECCIÓN CREADA POR JORGE WAGENSBERG

* Alef, símbolo de los números transfinitos de Cantor

Victoria de Andrés

EL SEXO INJUSTO
Una visión femenina de la evolución humana

TUSQUETS
EDITORES

1.ª edición: noviembre de 2024

Tusquets Editores, S.A. – Avda. Diagonal, 662-664 – 08034 Barcelona
www.tusquetseditores.com
ISBN: 978-84-1107-541-1
Depósito legal: B. 15.816-2024
Fotocomposición:Realización Tusquets Editores
Impresión y encuadernación: Limpergraf, S.L.
Impreso en España

Índice

La ciencia humana consiste más en destruir errores que en descubrir verdades.

Frase atribuida a Sócrates por el humanista florentino Marsilio Ficino en la introducción de la traducción latina de *La República* de Platón

Si leyera lo mismo que los demás, acabaría pensando como ellos.

HARUKI MURAKAMI, *Tokio blues*

Prólogo

> Nuestra mayor defensa contra la ignorancia científica es la educación y, al comienzo de la vida de cada científico, su primer interés fue despertado por un profesor.
>
> Peter Agre, Discurso del Premio Nobel, 2003

Este libro es el resultado de una pugna interna entre dos sentimientos muy contradictorios. Ambos llevan acompañándome durante toda mi vida profesional y ambos compiten continuamente por acaparar mi cerebro (cuando no mi corazón).

Por una parte, el tema de este ensayo es, desde mi punto de vista, el más apasionante que ha existido, existe y existirá. No hay nada como profundizar en el conocimiento de las bases biológicas de la vida y, dentro de ella, la reproducción es el fenómeno más sorprendente, complejo, variado, sorpresivo y potente que conozco. Pues bien, la reproducción no sería nada de eso sin el sexo. El sexo le ha puesto la sal y la pimienta al proceso de supervivencia de las poblaciones biológicas a lo largo del tiempo. De hecho, es el principal motor de la evolución, al tratarse de una fuente extraordinaria de variabilidad genética y ser, a la postre, la causa final del camino que nos ha llevado a existir como especie. En consecuencia, voy a escribir sobre algo que me parece tan maravilloso que me abruma conceptualmente.

Este es el punto positivo.

La parte negativa es que voy a quejarme del sexo.

Resulta muy difícil, porque voy a ponerle peros a algo que me parece casi perfecto. Y aquí está la clave de todo, en el *casi*. El único defecto del sexo es que es «injusto». El tributo por disponer de esta herramienta extraordinaria en la evolución —responsable, junto con las mutaciones, de la compleja biodiversidad que nos rodea— es que, en el caso del *Homo sapiens,* lo «pagamos» casi en exclusiva las mujeres.

Como científica, me maravilla el sexo, me descubro ante la perfección que suponen los múltiples y diversos mecanismos de reproducción sexual. Como mujer, «sufro» la discriminación por razón de sexo. Pero no te confundas, no voy a tratar el aspecto cultural, sociológico, educacional o político de esta expresión. Me limitaré, tan solo, a analizar el sexo en su aspecto más fascinante: su biología.

Por otra parte, y una vez hecha esta aclaración, te diré que hablar de sexo es casi lo mismo que hablar de la evolución de la vida, puesto que sin sexo apenas si podría haberse generado la diversificación biológica que conocemos.

Podría referirme al origen de La Vida con mayúsculas, esto es, a cómo se pasó de la química a la biología, de lo inerte a lo orgánico, en un proceso tan sugerente como ignoto. Pero no me resulta lo bastante emocionante. Posiblemente sea por antropocentrismo o, por qué no, por puro y simple egoísmo, pero prefiero sumergirme en analizar el origen de «una vida», de todas y cada una de nuestras vidas como individuos, de ese fenómeno tan extraordinario que es entrar en la realidad material del empezar a ser, del comenzar a existir.

Analizar cómo se genera un nuevo ser, sin más, nos llevaría a una asignatura convencional de biología del desarrollo. Eso es lo que hacemos con nuestros alumnos en la facultad, y para ello recomendamos extraordinarios tratados y artículos que los grandes embriólogos van continuamente escribiendo al respecto, con lo que no voy a insistir por ese camino. En este libro, pues, voy a huir radicalmente de la perspectiva docente y mi objetivo no va a ser enseñar, aunque espero que algo se aprenda con su lectura. En este ensayo voy a ser más osada, más creativa y, sobre todo, mucho menos aséptica que una profesora universitaria. Aquí voy a tirarme al barro y recrearme en desarrollar una sesión crítica de biología desde la pura sensibilidad, si es que ello es posible. Voy a huir de la visión neutra a la que me obliga mi profesión y apostaré por deleitarme con una mirada alternativa, transgresora y personal sobre una temática que me ocupa la mente hasta la obsesión: cómo se genera un nuevo ser mediante un proceso de reproducción sexual. A pesar de que se trata de un tema que me es muy familiar (llevo toda mi vida académica trabajándolo, enseñándolo y reflexionando sobre él), nunca me he permitido la licencia de utilizar el condimento más interesante de la narración: la emoción.

Para empezar, la transgresión comienza desde el momento en que estoy escribiendo en primera persona, posición nada usual en ciencia. En primer lugar, porque los hallazgos nunca son fruto de un esfuerzo investigador aislado, sino de los resultados de un grupo, normalmente enorme y pluridisciplinar, de científicos coordinados. En segundo lugar, la ciencia busca siempre la objetividad de los hechos narrados y huye de personalismos que supongan cualquier implicación de la subjetividad en la comunicación de lo constatado experimentalmente.

Todo eso está perfecto para los artículos científicos, y así debe ser si queremos que la ciencia siga siendo el motor de avance del conocimiento de la humanidad. Pero este libro no es un *paper,* como denominamos los investigadores a nuestros trabajos *científicos,* publicados en revistas *científicas* y leídas por un restringido público de *científicos* especializados. En este libro pretendo hacer algo muy diferente: ponerle pasión a la narrativa. Me apetece contar la importancia del sexo en la generación de la vida, pero traspasando los límites de mi aula universitaria. Quiero narrar esta historia a un público mucho más amplio, en un lenguaje que llegue a todos, pero, principalmente, quiero que mi disfrute sea el de mis lectores.

Para ello, he decidido utilizar tres herramientas absolutamente ajenas al contexto científico (además de recurrir al relato en primera persona al que ya me he referido). La primera será la estética y la subjetividad poética; la segunda, el humor, y, por último, utilizaré una balanza.

Creo que las tres merecen una aclaración que justifique su uso.

Empiezo con la estética. Me permito citar aquí a uno de mis filósofos de la ciencia favoritos, Paul Feyerabend,[1] quien defiende la postura de que la ciencia es en realidad una aglomeración de ideas, no un conjunto unificado. Por tanto, apuesta por la defensa de incluir elementos procedentes de disciplinas no científicas como parte vital del proceso de creación científica. Pues bien, en este libro voy a recurrir a la estética para calificar determinados fenómenos biológicos en la formación de un nuevo ser cuando el impacto que me supone su belleza me descoloque, me aturda o me sobrepase. Estoy cansada de autocensurarme la emoción que me suscita la formación de la vida. Aquí voy a darme el gustazo de comentar lo fascinante, lo bello, lo delicado, lo cruel, lo divertido o lo sorprendente que me puedan parecer los procesos implicados en la generación de una criatura. Me agarro, pues, al dadaísmo ideológico de Feyerabend y a su defensa de que la absoluta libertad es una de las mejores herramientas para lograr que una ciencia sea realmente productiva, para justificar la emoción en mis textos. Espero que la estela de Feyerabend y su anarquismo epistemológico me protejan del más que probable integrismo metodológico de algunos de mis colegas. Y si no es así, mala suerte (aunque aún no sé si para ellos o para mi yugular).

Continúo con el humor.

Me gusta reírme *con todo* (no tanto, *de todo).* Creo que la existencia de cualquier realidad tiene una vertiente humorística que la hace, aparte de más grata y más alegre, mucho más atractiva. Mi contexto social tiene integrada esta forma de entender la vida en lo más profundo de su naturaleza y coincido con la idea de Nietzsche de que el humor es, al igual que el arte, una suerte de catarsis o antídoto espiritual que hace más soportable la existencia.

Termino con la balanza.

De partida, el recurrir a esta herramienta puede descolocarte un poco, lector. Pero lo vas a entender si te digo que llevo muchos años con la sensación de que es necesario hablar de lo injusta que es la biología y, dentro de ella, de lo inaceptablemente parcial que es el sexo. Comprendo que, *a priori,* parezca muy difícil combinar dos conceptos tan diferentes conceptualmente como son la biología y la justicia. La biología es, por definición, la ciencia natural que estudia todo lo relacionado con la vida y lo orgánico, incluyendo los procesos, sistemas, funciones, mecanismos u otros caracteres biológicos subyacentes a los seres vivos en lo que se refiere a su morfología, fisiología, filogénesis, desarrollo, evolución, distribución e interacciones en los niveles macroscópico y microscópico. Es decir, es un área de conocimiento no interpretativa. Estudia lo que existe, lo que es, y ahí no tiene cabida el juicio de valor. La naturaleza biológica de los seres vivos sería la misma, tanto si hubiese quien la estudiase y examinase, como si no. Es indiferente al científico que la analiza. Existe por sí misma y sería igual tanto si la investigamos algunos *Homo sapiens* como si nunca hubiésemos aparecido los homínidos en el planeta.

Es como *es,* le pese a quien le pese y caiga quien caiga.

Por otra parte, está el concepto de «justicia», que nació de la necesidad de mantener la armonía y resolver los conflictos entre los integrantes de una sociedad. Aquí hablamos, por lo tanto, de una invención humana, de un constructo tan subjetivo y plural como sociedades ha generado la humanidad. Por eso, el conjunto de pautas y criterios que autorizan, prohíben o permiten acciones concretas es de lo más variable y diverso. Hay tantas justicias como sociedades, es decir, la justicia es subjetiva.

Esta separación está muy bien, pero no se puede obviar el hecho de que todos formamos parte de una sociedad y todos y cada uno de nosotros tenemos una determinada cosmovisión del mundo. La cultura no es ajena a la ciencia, de la misma forma que la ciencia no puede ser absolutamente independiente de determinadas perspectivas culturales (aunque lo intente con toda la fuerza de su método científico). Pues eso es exactamente lo que me ocurre. Soy una mujer de mi tiempo, de mi sociedad, y desarrollo mi actividad intelectual en un contexto de libertad (al menos eso me gusta creer).

Así pues, con un poco de sentido del humor, con un punto de inevitable subjetividad y rendida ante la belleza absoluta y el prodigio que supone el proceso de generación y desarrollo de una vida, te voy a contar por qué creo que el sexo es radicalmente injusto.

Málaga, febrero de 2024

Es necesario tener claro...

> No soy lo suficientemente romántica como para imaginar que la historia misma es la que desea ser contada, pero sí lo suficientemente honesta como para saber que quiero contarla yo.
>
> KATE MORTON, *La casa de Riverton*

Antes de empezar a entrar en materia, me gustaría comentar que he pretendido utilizar un lenguaje y una forma de expresarme accesible a la hora de escribir *El sexo injusto,* esto es, he querido dirigirme a un público no especializado. Por eso no hace falta tener un conocimiento profundo de biología ni recurrir a consultas externas para entender lo que vas a leer. Si, a pesar de ello, se me ha escapado algún tecnicismo incomprensible o algún párrafo especialmente denso, me disculpo. Yo quiero que te lo pases bien leyéndome, y te insto directamente a que no sientas el más mínimo remordimiento en pasar esa página «rapidito». Podrás coger el hilo del relato del conjunto, sin problemas, unos renglones más adelante. Si, por el contrario, se te queda corto el nivel, he procurado compensar el texto con un buen número de citas bibliográficas para que puedas profundizar en las últimas investigaciones sobre los diferentes temas que se tratan en los distintos capítulos. El objetivo es el mismo, que disfrutes leyendo.

Tres son los hilos conductores que van a guiar la lectura de este libro y que son esenciales para entenderlo bien.

El primero es que ningún análisis biológico tiene sentido fuera de la óptica evolucionista.

La comparación con especies cercanas (lo que llamaríamos filogenéticamente próximas a la nuestra) es un requisito esencial para el reconocimiento de la particular naturaleza humana. Esta visión comparativa, necesaria para un acercamiento objetivo al conocimiento de cualquier especie biológica, adquiere un valor especial en el caso de *Homo sapiens*. La razón estriba en que el enorme desarrollo social que ha experimentado nuestra propia especie hace que nuestras adaptaciones naturales, en la mayoría de los casos, estén enmascaradas por factores culturales. Por esta razón, los datos derivados de estudios en otros primates, e incluso en otros mamíferos en general, pueden proporcionar conocimientos muy valiosos.[1] A veces, es posible que te sorprendan las referencias a especies fósiles o a grupos muy primigenios aparecidos en momentos muy remotos de la diversificación animal. Te aseguro que no es gratuito. Lo haré cuando sea imprescindible para el entendimiento de determinados procesos o particularidades concretas de nuestra naturaleza sexual. Siempre me ha parecido muy chocante que, en los programas del Grado en Medicina de las diferentes universidades, no exista una asignatura dedicada al estudio comparativo de la biología de nuestra especie con la de otras, al menos con la de otros mamíferos. Todo lo que somos molecular, celular, histológica, anatómica y fisiológicamente hablando es el resultado de un proceso evolutivo. El estudio de cómo son nuestros órganos o de cómo funcionan nuestros aparatos y sistemas se entiende mucho mejor observando los procesos, tanto en otros animales como (y en especial) en embriones de otros animales. Esto lo sabemos muy bien los científicos que hemos trabajado en biología animal (en general) y en biología del desarrollo (en particular), puesto que la mayor parte de los avances biomédicos se nutren de los resultados y avances generados en estas áreas de conocimiento. Sin embargo, parece que esto se ignora cuando se instruye a las nuevas generaciones de médicos, a los que se les da una visión completamente aislada de la naturaleza humana. Es muy posible que esto sea una herencia de una cosmovisión del pasado cuyos flecos aún colean como una inercia a la que, en algún momento, habrá que ponerle un punto final.

El segundo aspecto que quiero comentar es que nuestro comportamiento no es fruto directo de la educación recibida, al menos en su 99,9% básico.

Tenemos asumido que los caracteres anatómicos y fisiológicos de los humanos, como los de cualquier otra especie biológica, son el resultado de un proceso evolutivo. El que tengamos esta forma concreta y que realicemos nuestras funciones vitales de una determinada manera y no de otra es la consecuencia de la acción de una selección natural mantenida ininterrumpidamente a lo largo de millones de años sobre nuestro linaje. Sin embargo, no todo el mundo acepta que la selección natural también se manifiesta en la etología de nuestra especie, es decir, que nuestra manera de reaccionar conductualmente ante los fenómenos es también el resultado de un devenir evolutivo. Para entender bien lo que se trata en este libro hay que asumir que la mayor parte de lo que hacemos no es consecuencia de la casa en la que hemos nacido, ni de los prejuicios de nuestras familias, ni de las modas de nuestra época, ni de la influencia de los múltiples contextos sociales en los que hayamos sido civilizados. La influencia cultural sobre nuestra realidad etológica, aunque sea importantísima (que lo es), no supone más que un ligero barniz sobre un sustrato que es totalmente innato, que es absolutamente biológico.

El tercer y último aspecto sobre el que me gustaría incidir es que hombres y mujeres somos diferentes.

Esta afirmación, aunque sea evidente y biológicamente irrefutable, no está libre de polémica en nuestro contexto sociocultural. No trataré en ningún momento de abarcar áreas sociológicas o psicológicas que no solo escapan a mi competencia profesional, sino que no son el objeto de este libro. Me limitaré por ello a los hechos objetivos y, en consecuencia, no susceptibles de cambiar en función de las particularidades del observador[2] ni de los aspectos tan colaterales (y poco procedentes desde el punto de vista biológico) como pueda ser la corrección política de determinados contextos puntuales en la historia de la humanidad. Ni son relevantes desde un punto de vista biológico ni me resultan atractivos intelectualmente. Por supuesto, tienen su total y absoluta importancia en otras áreas de conocimiento, pero, al situarse fuera de mi campo de trabajo, no se van a abordar en este libro.

Con esta afirmación pretendo evitar la polémica de si se es mejor o peor por ser hombre o mujer, si ambos somos pares o dispares o si competimos en vez de colaborar en nuestra sociedad.

Tampoco será objeto de este libro el uso que hagamos de las posibilidades anatómicas y fisiológicas que nos procuran nuestros órganos sexuales fuera de un contexto estrictamente reproductivo. Estos aspectos, más relacionados con el concepto de sexualidad que con el de sexo,[3] se los dejo a los sociólogos, a los psicólogos, a los políticos o a quien le apetezca meterse en este pantanoso, incierto y resbaladizo jardín. Aquí interesa solo la biología.

Hecha esta aclaración, partiré de una propuesta simple y sencilla: la mera observación de los morfotipos femenino y masculino de nuestra especie. Las diferencias son evidentes. Nuestras anatomías y fisiologías manifiestan valores desiguales de sus parámetros definitorios independientemente de los aspectos sociológicos, culturales o educacionales que de ello se puedan derivar o que por ello se hayan podido construir artificialmente.

La realidad biológica es irrefutable: somos distintos.

Esto no es un fenómeno atípico o excepcional. Por el contrario, la mayoría de los animales presentamos esta particularidad. De hecho, estas diferencias son consecuencia de que nuestra especie, al igual que muchas otras, presenta lo que se denomina dimorfismo sexual, esto es, la existencia de dos morfotipos de individuos, el femenino y el masculino, sin que existan formas intermedias entre ellas.[4] Esto significa que somos una especie sexuada, genitalizada y, además, con dos sexos. Y no es una afirmación de perogrullo, sino necesaria desde dos puntos de vista:

El primero es que hay especies animales en las que, desde el punto de vista sexual, manifiestan más morfotipias de individuos. Además de machos y hembras, pueden presentarse individuos asexuados (que no tienen ni ovarios ni testículos) y/o individuos hermafroditas (que producen tanto óvulos como espermatozoides al poseer las dos modalidades de gónadas).[5]

El segundo es que tener reproducción sexual supuso una ventaja evolutiva de tal calibre que, desde que apareció en el planeta, se impuso y generalizó, desplazando a los procesos de reproducción asexual. La razón estriba en que el incremento de la diversidad genética que implica para la especie que la presenta aumenta sus posibilidades de sobrevivir de manera brutal. Frente a un medio cambiante como es el terrestre, la variabilidad genética que aporta la reproducción sexual es la mejor «herramienta biológica» aparecida hasta el momento para la supervivencia de las especies.[6] Además, y frente a las modalidades reproductivas asexuales, la reproducción sexual tiene otra importantísima ventaja: impide la acumulación de mutaciones genéticas, la mayoría nocivas cuando no letales, en el mismo linaje de individuos.[7]

El sexo, por lo tanto, es un «invento» muy rentable. Es un auténtico *hallazgo* (evolutivamente hablando), una fuente de productividad que raya en lo prodigioso.

No obstante, nuestra especie podría tener reproducción sexual, pero no tener los sexos separados en individuos diferentes. Dicho de otra forma, podríamos ser hermafroditas, es decir, los humanos podríamos ser mujeres y hombres a la vez y, en consecuencia, poder producir tanto óvulos como espermatozoides.[8] Sin embargo, en el reino animal, y de forma especial en el taxón de los vertebrados terrestres, se ha impuesto de manera masiva la condición de los sexos separados. Aunque hay excepciones en algunas especies, lo normal es disponer de individuos que o bien pueden generar óvulos (las hembras), o bien espermatozoides (los machos). La razón por la que esta condición se ha seleccionado evolutivamente parece estar, al menos en las especies que, como nosotros, tienen un determinismo cromosómico del sexo, en que la diferenciación en dos sexos permitiría concentrar cambios genéticos puntuales en la parte masculina (XY) de la población al mismo tiempo que la población femenina (XX) mantiene el genotipo existente previamente.[9] Esto supondría un aumento del acervo genético de las poblaciones para enfrentarse mejor a los desafíos de las infecciones, las parasitosis, la depredación y otros retos de supervivencia que implica estar sometidos a un medio en continuo cambio.[10]

Si el sexo siempre nos ha resultado algo fascinante desde la tradicional perspectiva *somática* (por darle una denominación más elevada que la *carnal,* que todos conocemos), contemplado desde esta óptica evolucionista lo es aún más. La asombrosa perfección del sistema de reproducción sexual y la separación de los individuos en dos sexos sometidos a diferentes presiones selectivas es una estrategia realmente brillante en la lucha por la supervivencia de las especies. El hecho de que, además, solventemos la separación de los sexos con un proceso de fecundación en el que las dos partes aportemos la mitad del material genético del nuevo individuo es ya para quitarse el sombrero.

Pero..., y aquí es adonde realmente yo quería llegar, ¿es todo tan equitativo como siempre hemos creído?

La participación de los dos sexos en la generación de los nuevos individuos en los procesos de reproducción sexual de las especies dimórficas, como la nuestra, ¿es realmente al 50%?

La respuesta es NO.

Y un «no» de lo más radical, porque no existe equidad en ningún momento, ni siquiera en los procesos biológicos más basales implicados en la reproducción sexual.

En este libro se verá como el reparto de trabajo por parte de hembras y machos (que, a partir de ahora y como me centraré en la especie humana, pasaré a llamar mujeres y hombres) es ya desigual desde los procesos «preparatorios» a la reproducción, antes siquiera de «meternos en faena».

De entrada, te invito a leer con detenimiento la famosa y repetida definición, aparecida en todos los manuales de biología que hemos manejado desde la infancia, y que afirma que:

> La reproducción sexual es el proceso por el cual se combina el material genético de los gametos masculino y femenino para crear un cigoto cuyo genoma procederá en un 50% de la madre y en un 50% del padre. A partir del desarrollo del cigoto se originará el nuevo individuo.

Esta afirmación no es cierta, al menos no es *totalmente* cierta. *Nosotras* cargamos con mucha más responsabilidad en la generación de un nuevo ser. Y lo hacemos «desde el principio», en la doble acepción del término.

Desde el *principio* a nivel evolutivo, es decir, desde momentos muy tempranos de la evolución. Casi desde los orígenes de la invención del sexo, ya las diferentes especies de los distintos grupos que han ido apareciendo y extinguiéndose a lo largo de la brillante y espectacular historia biológica del planeta, han repartido cargas desiguales entre hembras y machos.

Desde el *principio* a nivel de individuo, es decir, desde el nivel genético. La definición anterior deja entrever que las cargas genéticas son equitativas, y eso no se corresponde con la realidad biológica. Por lo tanto, se reconoce como equivalente a lo que dista mucho de serlo y se reparten méritos similares a lo que no es exactamente igual.

Haciendo una valoración de esta definición (que, como todo lo derivado de la utilización de un lenguaje, es una expresión construida por la mente humana), se podría afirmar que es del todo injusta, porque se «justiprecia genéticamente» por igual a lo que no es, ni mucho menos, lo mismo.

Y esto es solo un adelanto. Será un placer ir desentrañando los detalles de todas y cada una de las circunstancias para demostrar cómo, en todas las fases y a todos los niveles de organización, biológicamente, las mujeres monopolizamos el proceso reproductivo.

Tú, lector, tendrás la potestad de coincidir o no conmigo en la validez de la afirmación de que el sexo no nos trata por igual a hombres y mujeres.

Para finalizar, necesito dejar constancia de un último aspecto. Aunque tengo mil razones para afirmar que el sexo es injusto, me encanta ser mujer. A pesar de todo lo que biológicamente supone de discriminatorio, si tuviera la posibilidad de elegir en otra vida, elegiría la pertenencia al sexo femenino sin ninguna duda. Quizá me anime más adelante y pormenorice las razones por las que esta afirmación no supone una declaración de mi presunta naturaleza masoquista.

Por ahora, sería muy feliz sabiendo que has disfrutado conociendo las múltiples manifestaciones de la injusticia del sexo que vamos a ver aquí porque, aunque injustas, son apasionantes.

Málaga, julio de 2024

1
Todo empieza antes de empezar

La obra maestra de la injusticia es parecer justo sin serlo.

PLATÓN, *Gorgias*

Generar un nuevo individuo..., ¡qué rápido se pronuncia esta frase cuando han sido millones de años los que le ha costado a la evolución traernos hasta aquí! Detengámonos un segundo para reflexionar sobre esta idea porque no estamos hablando de algo trivial. Muy al contrario, la generación de un nuevo ser humano, como la de cualquier otro animal, es algo prodigioso. Se trata de un acontecimiento casi increíble por improbable, único e irrepetible. La aparentemente sencilla fusión de las dotaciones cromosómicas de los dos gametos, masculino y femenino, es la resultante de un acto tan azaroso como rocambolesco. La combinación exclusiva de genes en un nuevo individuo es el fruto casual de muchos entrecruzamientos posibles, de una posibilidad muy remota de asociación génica, de un evento tan poco probable que resulta casi imposible de concebir. Se trata de una probabilidad infinitesimal de coincidencia de genes entre millones de trillones de posibilidades. Para aproximarnos un poco a esta idea, pensemos en las expectativas de que nos toque el premio gordo de la lotería en un sorteo singular, un sorteo donde el bombo de números sea tan inmenso como para incluir los boletos (todos diferentes) de todos los hipotéticos habitantes de un universo abarrotado de gente (donde se incluirían todos los ciudadanos de todos los planetas, de todos los sistemas solares, de todas las galaxias existentes). Un casi imposible. Un absoluto milagro.

Pues eso es lo que somos, una casualidad tan remota de coincidencias que cuesta concebirnos. Y, sin embargo, existimos. Esa combinación azarosa de genes paternos que porta el espermatozoide se va a combinar con la dotación materna, igualmente azarosa, en una cópula entre ese padre concreto y esa madre particular. Pero, además, existe un tercer factor de «casualidad» responsable de que seamos como somos. Y es que ese determinado óvulo sea fecundado por ese espermatozoide concreto de los millones que pugnan por ello.

Para comenzar nuestro relato nos situaremos en estos segundos previos al estado inicial de todos los seres, cuando están a punto de dibujarse los planos de lo que llegaremos a ser, pero todavía no se ha configurado el libro de instrucciones de cómo seremos, de qué color tendremos los ojos o de si se nos dará bien o no tocar el violín. Todavía no se ha producido la fecundación entre el óvulo de nuestra madre y el espermatozoide de nuestro padre. Aún no ha tenido lugar la prodigiosa fusión que configurará ese genoma exclusivo y singular que nos va a identificar como individuo único durante toda nuestra vida.

Pues bien, en este momento tan singular y prometedor, ya las diferencias entre los dos sexos son palpables y manifiestas.

Desde nuestras primeras clases de ciencias naturales, todos sabemos que el proceso de fecundación lleva consigo la fusión de las dos células sexuales para generar un nuevo individuo. Pero seamos cuidadosos al hablar, porque, según esta afirmación, parecería que las responsabilidades van al 50%, desde el momento en que la generación de un nuevo ser se está circunscribiendo al hecho de la síntesis del nuevo genoma característico del nuevo individuo. Pero esto no es así. Hay más, muchísimo más para que el desarrollo de un nuevo individuo sea viable. Y no me estoy refiriendo a la alimentación placentaria característica de los mamíferos (que también), sino a algo mucho más generalizado en el reino animal. Algo que es mucho más antiguo evolutivamente.

Los espermatozoides aportan «lo justito» para cumplir

Un espermatozoide y un óvulo se parecen muy poco. Es más, no se parecen en casi nada. Este fenómeno (que se conoce como anisogamia) se originó en momentos muy tempranos de la evolución. Estamos hablando de los momentos más iniciales, cuando los primeros animales «ni sospechaban» el éxito evolutivo que iba a tener su linaje ni la espléndida diversidad de formas y funciones que iban a generar en el futuro. Es por esta razón por lo que la anisogamia es un carácter compartido por la inmensa mayoría de las especies del reino animal. Dicho de otra forma, casi todas las especies procedemos, en última instancia, de un antecesor común con hembras cuyos óvulos ya eran muy diferentes a los espermatozoides de sus machos.

Entenderemos perfectamente la anisogamia si empezamos por considerar a los gametos masculinos, los espermatozoides, como células pequeñas y con cola. Esta coloquial definición es muy interesante de analizar. Vayamos por partes.

Tener una «cola» (que no es más que un flagelo que bate para poder desplazarse en un fluido) significa que los espermatozoides, a diferencia de los óvulos, son móviles y «nadan». Esto tiene unas implicaciones muy interesantes, ya que va a condicionar los papeles que desempeñará cada actor en esta función: los espermatozoides van a ser los que se desplacen «buscando» de modo frenético y sin descanso al óvulo. Este, por su parte, ni se mueve ni, en apariencia, manifiesta ninguna señal de aproximación a los espermatozoides. Hablando de forma muy coloquial, por lo visto estamos ante una «actitud» celular claramente diferencial. La parte masculina manifiesta un carácter activo (¡y mucho!) ante el proceso de fecundación, mientras que la femenina, *a priori,* parece pasiva, indiferente y poco interesada por lo que parece estar a punto de ocurrir. Al menos, es lo que siempre nos han contado.

Los espermatozoides son pequeños. Aunque, al igual que los óvulos, son células eucariotas (esto es, presentan núcleo), los espermatozoides apenas tienen nada más aparte de esta especie de «sala VIP» donde el material genético se aísla del resto del contenido celular. Salvo por el acrosoma (del que hablaremos más adelante), son prácticamente todo núcleo rodeado de una pequeña porción citoplasmática. El resultado es que su volumen es mucho más pequeño que el de los óvulos. En el caso de la especie humana, los espermatozoides oscilan entre los 50 y 70 micrómetros,[1] mientras que los óvulos tienen un tamaño, por término medio, de 150 micrómetros.

El que el óvulo sea más grande no es baladí. Por el contrario, ofrece una más que interesante posibilidad: disponer de espacio. Y espacio, ¿para qué? Pues básicamente para acumular sustancias de reserva. Cuando el nuevo humano empieza a desarrollarse tras la fecundación, aún no está formada la placenta, es decir, no dispone de un suministro externo de energía. Necesita, pues, acudir al reservorio que le ha dejado su madre en el citoplasma del óvulo. Dicho de otra forma, el citoplasma ovular será la «despensa» del nuevo ser, de donde este va a extraer las moléculas necesarias para obtener la energía que lo mantenga vivo en sus primeros estadios. Mami es la que se ha preocupado de que su criatura no muera de inanición. Mami le ha dejado la comida preparada.

¿Te suena la película?

No obstante, en esto de llenar el carro en el supermercado para abastecer la nevera de la descendencia, los mamíferos (mejor dicho, las mamíferas) somos sobrepasadas ampliamente por otros grupos animales. De hecho, el óvulo de las aves puede alcanzar tamaños enormes (¡sí!, ¡los huevos de tu desayuno son óvulos de gallina!). Por no hablar del que llegó a tener en algunos de sus antecesores reptilianos. Hay huevos fosilizados de *Thyranosaurus rex* que sobrepasan los 60 centímetros de altura.[2]

Los espermatozoides, por el contrario, son de tamaño bastante similar en todas las especies, lo que viene a decir que el desinterés por preparar la comida para la prole es algo bastante generalizado entre los representantes masculinos de todo el reino animal.

Los táperes de mamá

Los óvulos, al igual que los espermatozoides, presentan un núcleo donde se custodia el material genético que se va a donar a los hijos y que va a ser el responsable de que cada individuo que aparezca por este planeta sea de una determinada manera y no de otra. Pero es que los óvulos, además, van a dejar en herencia mucho más. Aportan un nutrido citoplasma lleno de interesantísimas moléculas sin cuya presencia, por muy maravilloso que fuese el potencial genético del hijo, nunca podría llegar a traducirse en una realidad biológica. Estas moléculas están en el citoplasma del óvulo, son propiedad materna. No obstante, desde el momento en que entre un espermatozoide y se produzca la fecundación, el citoplasma del óvulo pasa a ser el citoplasma del cigoto, es decir, lo hereda, con todo su rebosante contenido, el hijo.

¿Qué es exactamente lo que las madres les dejamos a nuestros futuros cigotos para poder empezar a desarrollarse? Pues se trata de una despensa muy particular con interesantes elementos.[3]

- En primer lugar, proteínas. Dado que va a pasar un tiempo importante entre el inicio del nuevo ser y la posibilidad de que se organice la placenta y el cordón umbilical, el embrión tiene que ser capaz de obtener sus propios nutrientes. Y lo hace abriendo el frigorífico, esto es, viendo qué le ha dejado mamá para comer en el citoplasma. Y la suerte es que se lo encuentra lleno y de lo mejor: proteínas vitelínicas[4] que han viajado desde la sangre materna y que se han ido acumulando durante la formación de los óvulos para configurar ovocitos «rechonchos» y bien cargados.

- En segundo lugar, ARN de transferencia (ARNt) y ribosomas. Poco después de la fecundación se produce una auténtica explosión de síntesis de proteínas, puesto que estas moléculas son los ladrillos biológicos con los que se va a configurar arquitectónicamente cualquier ser vivo. El nuevo ser se ve obligado a construir sus propias «piezas de Lego», las proteínas que lo van a configurar como un nuevo individuo, con su determinada anatomía y particular fisiología. Pues bien, estas proteínas se fabrican con ARNt y ribosomas, justo lo que mamá había dejado preparado.
- ARN mensajero (ARNm). Si nos asombra la previsión, esto va un paso más allá. La madre no solo ha dejado la fábrica de piezas para que se pueda montar el nuevo individuo, también ha dejado el manual de uso y manejo. Las instrucciones para esa perfecta síntesis de proteínas las ha facilitado en forma de ARN mensajero.[5] Ha dejado, pues, la factoría de fabricación, la materia prima para hacer las piezas y el protocolo de trabajo planificado y listo para entrar en acción.
- Factores morfogenéticos. También la madre ha previsto cómo se ha de organizar en el espacio la diferenciación celular y ha dispuesto, en diferentes zonas del citoplasma del óvulo, moléculas concretas que, al dividirse el cigoto, van a reorientar su actividad hacia diferentes destinos.
- Las mitocondrias. Tenemos la fábrica, las instrucciones para hacer piezas, la materia prima para hacerlas y el espacio diferenciado para ello, pero nos falta un elemento clave: el generador de energía que transforme el combustible en algo que mue-

va la maquinaria. Esos productores de energía celular son las mitocondrias, y el óvulo está cargadísimo de ellas. De hecho, el ovocito es la célula del cuerpo más rica en estos orgánulos (¡hasta 100.000!),[6] puesto que de la energía que generan va a depender la viabilidad del desarrollo embrionario temprano.

Los hombres apuestan por la cantidad. Las mujeres, por la calidad

De resultas de lo comentado en los dos apartados anteriores, se comprende que generar un óvulo resulta mucho más caro, biológicamente hablando, que producir un espermatozoide. El espermatozoide tiene poco más que el núcleo, la cola y unos cuantos (pocos) orgánulos más. Sin embargo, ya hemos visto cómo las madres les «llenan la despensa citoplasmática» a sus futuros retoños para que pueda tener lugar su desarrollo embrionario, al menos en lo que respecta a las primeras etapas morfogenéticas. El óvulo, cargado así de nutrientes, requiere un gasto energético en su formación varios órdenes de magnitud superior al que necesita el gameto masculino. Esta es la razón por la que la mayoría de las hembras del reino animal producimos una cantidad mucho menor de gametos que los machos. En el caso concreto de *Homo sapiens,* las mujeres producimos tan solo un óvulo cada ciclo menstrual, una cantidad asombrosamente reducida si la comparamos con los entre 60 y 300 millones de espermatozoides que se contabilizan en cada eyaculación masculina (y, por descontado, todos sabemos que puede haber muchas en un mes).

Estamos hablando, pues, de uno frente a cientos de miles de millones. Los *modus operandi* son, como en otras tantas cuestiones sexuales, clara y manifiestamente diferentes entre hombres y mujeres. Las mujeres apuestan por la «calidad» mientras que los hombres lo hacen por la «cantidad».

Las madres se encargan de mucho más que de la alimentación

Hemos reflexionado sobre las diferencias entre óvulo y espermatozoide «de puertas para adentro», es decir, analizando lo que ocurre en el interior de la membrana celular. Pero conviene analizar lo que ocurre en los alrededores.

Mientras que el espermatozoide es una simple y pequeña célula desnuda, los óvulos de las mujeres (al igual que los del resto de las mamíferas) presentan un curioso «envoltorio». Se trata de la zona pelúcida, una fina capa acelular compuesta por varias familias de glicoproteínas que hacen que el óvulo parezca un bombón envuelto por una cubierta translúcida. Esta capa protege al futuro embrión contra la infiltración de leucocitos y microorganismos en su rodaje hasta la implantación en el útero. Dicho de otra forma, el óvulo procura un abrigo acolchado, mullido y protector al embrión en sus primeros estadios de desarrollo. La zona pelúcida, a su vez, se rodea de una capa celular granulosa que incrementa su función protectora (de la que hablaremos más adelante).

Analicemos todo esto. El óvulo, además de aportar nutrientes, también se asegura de que el futuro cigoto no se haga daño en sus vaivenes hasta el útero. Y, por si fuera poco, lo protege asimismo contra posibles infecciones.

La palabra «asombro» resulta insuficiente. Las madres, antes de ser madres, ya estamos trabajando en multifunción.

La preocupación de las madres por los hijos es eterna

Esta frase no la vamos a utilizar en sentido figurado. Muy al contrario, es literal.

De hecho, las posibilidades del óvulo son tan interesantes

que nos permiten poder ayudar a nuestros hijos incluso después de muertos (madres e hijos).

Para entenderlo bien, volvamos a detenernos en la anisogamia, en lo diferentes que son los gametos femenino y masculino.

Los espermatozoides humanos son muy cabezones. Con esto quiero decir que todo el contenido celular es prácticamente núcleo, si exceptuamos algunos orgánulos y el acrosoma. Este núcleo, en coordinación con la forma del resto de la célula, le da una apariencia al conjunto celular de tener una gran «cabeza». Tanto es así que algunas de las patologías más frecuentes de los espermiogramas son, precisamente, la «doble cabeza», la «cabeza grande», la «cabeza pequeña» o la «ausencia de cabeza».[7] Yendo a los que nos interesa, los espermatozoides van a legar a su hijo, casi exclusivamente, el ADN de su núcleo.

Por el contrario, los óvulos son muy isodiamétricos, ya que el nutrido contenido citoplasmático, además de ser responsable de su mayor volumen, les aporta una forma final redondeada, de ahí su aspecto esférico. Pero lo interesante de esta cuestión es algo mucho más fascinante: en ese citoplasma hay un tesoro muy especial. Como hemos visto en el apartado anterior, en el citoplasma hay, entre otras cosas, mitocondrias. Y recordemos algo importantísimo que tienen estos orgánulos y no otros: las mitocondrias están provistas de su propio ADN, cuyas características son independientes de las del ADN nuclear. Por otra parte, en el óvulo no es que haya unas pocas mitocondrias. ¡Hay muchísimas! Mientras que las células humanas en general, y por término medio, tienen unas 100 mitocondrias, recordemos que los óvulos maduros pueden llegar a contener hasta 100.000, lo que supone más del 90% del ADN del óvulo.[8] ¿Qué quiere decir esto? Que las madres, además de la herencia que portan los genes de su núcleo (y que se recombinarán con los procedentes del núcleo paterno), dejan a sus hijos un segundo e importantísimo legado genético: el contenido en el ADN mitocondrial (ADNmt).

Esto tiene dos consecuencias muy interesantes. La primera es resultado de lo que codifica este ADNmt. Además de proteínas que intervienen en el funcionamiento de la propia mitocondria, codifica humanina, una proteína que sale al citoplasma y parece ser un potente protector de células.[9] Concretamente, parece proteger las neuronas del cerebro al inhibir la muerte celular cronoprogramada (apoptosis). En otras palabras, el contenido genético materno es el que contribuye a protegernos de lindezas como el alzhéimer[10] o la enfermedad de Huntington.[11]

La segunda consecuencia deriva del hecho de que, como las mitocondrias del cigoto son las mismas que las del óvulo, la herencia que implican pasa directamente de madre a hijos. Dicho de otra forma, el ADNmt de madre e hijo es idéntico en ambos porque ni se recombina, ni se «mezcla» con el paterno. Por esta razón, se utiliza hoy día como una poderosa herramienta de la investigación forense. Concretamente, en el rastreo de una línea genética, porque un hijo tendrá el ADNmt exactamente igual al de su madre, que será idéntico al de su abuela y que, a su vez, habrá heredado de su bisabuela (y así, repetidamente hacia atrás en el tiempo). De esta forma, y gracias a los óvulos, se pueden establecer parentescos entre grupos de individuos con una alta tasa de eficacia, puesto que las únicas variaciones en este «eterno» ADNmt van a ser las debidas a las mutaciones puntuales. La consecuencia de todo ello es que el óvulo ofrece una utilidad fascinante a la humanidad: la posibilidad precisa y exacta de identificación de restos de personas que han podido fallecer mucho tiempo atrás, puesto que de los huesos se puede extraer este «carnet de identidad familiar» mitocondrial. De hecho, si no fuera por la alta tasa de mutación que presenta (a diferencia del ADN nuclear, el ADNmt no tiene histonas que lo protejan), sería posible rastrear el ADN de la mitocondria hasta llegar al antepasado común de todos los humanos, la que algunos autores han denominado la «Eva mitocondrial».[12]

Tenemos un ejemplo directo y muy mediático de esta utilísima herramienta forense para identificar huesos humanos muy antiguos. Me refiero al mediático caso de la certificación de la autenticidad de los restos de la última emperatriz de Rusia (Alejandra Fiódorovna) y de sus cinco hijos. Las muestras óseas exhumadas fueron identificadas por comparación de su ADNmt con el localizado en el interior de las mitocondrias de las células del, en ese momento vivo, príncipe Felipe de Edimburgo, cuya abuela materna era la hermana de Alejandra.[13] Algo parecido se hizo para identificar los restos del sexto miembro de la familia, el zar Nicolás II, a partir de un tataranieto de Luisa de Hesse-Kassel, reina consorte de Dinamarca y abuela materna del zar. Su entierro en la catedral de San Pedro y San Pablo de San Petersburgo, en 1997, fue posible tras confirmarse sus identidades y poderse concluir que los restos encontrados en las afueras de Ekaterimburgo correspondían a la familia real, asesinada durante la revolución bolchevique de 1918. Las comparaciones se hicieron secuenciando los correspondientes ADNmt.[14]

La conclusión es fácil de deducir: las mujeres, con nuestros óvulos, ayudamos a localizar a nuestros hijos hasta después de muertos. Parece que el «dónde está mi niño» nos preocupa hasta en el más allá.

Y la diferencia más importante de todas...

Todo lo que hemos visto hasta el momento es bastante llamativo.

Pues bien, no es tan relevante como un hecho que sí es absolutamente diferencial. Un hecho que va a marcar una diferencia total en lo que a fisiología reproductiva se refiere entre gametos masculino y femenino de todos los mamíferos, incluida nuestra especie, *Homo sapiens*.

Mientras que los óvulos son liberados a las trompas de Falopio en perfecto estado para concebir, los espermatozoides de mamíferos son incapaces de fertilizar los ovocitos porque son eyaculados en estado inmaduro. Dicho de otra manera, «necesitan» a la hembra para completar su formación. El entorno reproductor femenino, pues, no es solo un tránsito para los espermatozoides, es una necesidad para su fisiología. Podríamos afirmar, sin exagerar un ápice, que sin la vagina, el útero y las trompas de Falopio los espermatozoides «no son nadie».

Visto lo visto, y en esta etapa preliminar a la existencia de un nuevo individuo, del 50% de responsabilidad en la reproducción para cada sexo, nada de nada. La aportación femenina es sustancialmente más nutrida, más polivalente y más diversa. Lo justo sería afirmar que la herencia materna es mucho mayor que la paterna en todos los sentidos incluido, por supuesto, el estrictamente genético.

2
El mito de los aguerridos espermatozoides

La mayoría de las historias erróneas son las que creemos que conocemos mejor y, por tanto, nunca examinamos ni cuestionamos.

STEPHEN JAY GOULD,
La grandeza de la vida

¿Es verdad lo que siempre nos han contado?

Te planteo un ejercicio: cierra los ojos y piensa en fecundación.

Muy posiblemente coincidas con lo que a la mayoría nos viene primero a la cabeza, y hayas visualizado la consabida y frenética carrera. Millones de espermatozoides compitiendo duramente para conseguir el más grande y laureado de los trofeos biológicos existentes: fecundar el óvulo. Realmente se trata de un espectáculo único. Contemplar bajo el microscopio la explosión de dinamismo vital que supone una muestra de semen recién obtenida, simplemente, hipnotiza. Es ser espectador de la competitividad en estado puro, de la dura pugna por conseguir ser el triunfador, de la lucha sin cuartel por ser el único que legue sus genes a la descendencia.

La fuerza innegable que encierra esta imagen ha sido la responsable de que se haya utilizado, incluso, como estrategia publicitaria. Recuerdo que una conocida marca de coches recurrió a los crecientes cambios de objetivos de microscopio para mostrar, en rápidas y sucesivas imágenes, cómo transcurría esta apasionante carrera: los participantes iban cayendo, desfalleciendo y muriendo por el camino hasta que, al final, era uno solo el que llenaba todo el círculo del campo de visión. Bello, veloz y triunfante, así se mostraba al flamante ganador. Entonces sonaba una voz en *off* que decía: «Desde que eras muy pequeño, siempre te ha gustado llegar el primero».

Como publicidad, era un acierto absoluto. Como biología, era un desacierto completo. Como mujer, era de un machismo infumable.

En referencia al primer aspecto, el puramente publicitario, no tengo nada que objetar. El anuncio fue un excelente reclamo publicitario y cumplió a la perfección su objetivo de incitar a la compra a un nutrido grupo de potenciales consumidores. Mis aplausos a los creativos.

En referencia al tercer aspecto, el sociológico, se sale de los objetivos de este libro, por lo que tampoco dedicaré tiempo a comentar cómo el anuncio iba de manera clara dirigido a un público estrictamente masculino.

Con el segundo me explayaré porque, en el aspecto biológico, el anuncio fue un cúmulo de desatinos que, de forma curiosa, se sesgan todos en la misma dirección. De entrada, considera al nuevo ser fruto de una de las partes, esto es, del espermatozoide. El óvulo ni está ni se le espera, puesto que «desde pequeño» se hace sinónimo del estadio unicelular, y este no se focaliza en el cigoto sino en el mismo espermatozoide. Por otra parte, asume que las presuntas características favorables del nuevo ser, esto es, la competitividad, el vigor, la fuerza o la velocidad, son factores que proceden en exclusiva de una única fuente: la masculina. La realidad es que podría ser así o podría ser todo lo contrario, es decir, podrían ser los genes del óvulo los que aportasen estas capacidades. Pero también podrían ser los de ambos gametos. Resumiendo: los alelos[1] «positivos» no tienen por qué ser necesariamente aportados por los espermatozoides. Como remate, el anuncio daba por hecho que el futuro individuo resultante de la fecundación iba a ser un hombre. Otro error. El representante de la pareja de cromosomas sexuales que portaría el espermatozoide podría ser, aleatoriamente y con la misma probabilidad (50%), un Y (lo que daría lugar a un hombre) o un X (lo que daría lugar a una mujer). Dado que el óvulo siempre aportaría un X, en el primer caso tendríamos un cigoto XY (masculino), mientras que en el segundo tendríamos un XX (femenino).

No obstante, no me parecería justo atribuir la falta de rigor biológico de este anuncio exclusivamente a los publicistas. Se trata de una idea que está instalada en la mente de nuestra sociedad y se corresponde con el relato que tradicionalmente se ha utilizado para contar este proceso.

De hecho, siempre hemos asociado esta historia con una epopeya al más puro estilo de la épica clásica. Se equipara a una odisea en toda regla donde los espermatozoides «trepan» por los conductos femeninos, derriban murallas y sortean arriesgadas trampas como si de héroes troyanos o medievales se tratase. Y todo para conquistar a su amada, siempre inaccesible en lo alto de encumbradas torres.

Nada más lejos de la realidad. Las investigaciones de los últimos años han revelado una verdad muy diferente, sorprendentemente diferente.

De entrada, la «dama» objeto de la conquista, nuestro óvulo, no es una célula pasiva. Tampoco lo son los conductos femeninos por los que han de avanzar los espermatozoides en su particular yincana. Todo lo contrario. Óvulo y conductos genitales van a tener una participación intensa, directa y decisiva para conseguir el mejor de los resultados finales: que la fecundación se consiga en las condiciones óptimas.[2]

Por otra parte, los espermatozoides no son guerreros prestos al combate. Tampoco acceden a la vagina en condiciones idóneas para encarar la lucha. Ni saben adónde van, ni están preparados para la acción, ni tienen modo de llegar al objetivo sin ayuda.

Para empezar, aunque se toparan directamente con el óvulo, no estarían en condiciones de fecundarlo porque están estructuralmente muy limitados. Su cuerpo celular está revestido por una serie de moléculas que impedirían su reconocimiento y fusión con él. Estas moléculas se denominan «factores discapacitantes». Originadas en testículos, epidídimo y vesículas seminales, son, por una parte, excelentes para proteger al espermatozoide durante su periodo de almacenamiento al impedir que su «cabeza perforadora» actúe antes de tiempo. Pero, por otra parte, también funcionan como barreras inhibitorias de la fusión con el óvulo.

Es por eso por lo que a los espermatozoides hay que «ponerlos en forma» para que puedan fecundar. Pero simultáneamente hay que hacer otras cosas con ellos: orientarlos para que naden en la dirección correcta hacia la localización del óvulo y a la vez tratar de evitar que activen su potencial «perforador» antes de tiempo.

Pues bien, todo ese trabajo es tarea de órganos, tejidos, células y moléculas de la mujer.

En contra de lo que hasta hace poco se sabía, el sexo femenino va a tener una participación muy activa para con los espermatozoides. En primer lugar, va a eliminar de un plumazo a los más débiles y/o defectuosos (lo entiendo, suena muy drástico, pero la biología no entiende de corrección política). Esto ya se sabía, pero lo que se ha ido descubriendo es que, además, tiene otra función muy diferente. Va a «espabilar» a los supervivientes, dotándolos de capacidades que nunca tuvieron y posibilitándoles la realización de proezas inimaginables fuera del contexto físico femenino. Es lo que se denomina «capacitación». Si reparamos un poco en el término utilizado, lo que se da a entender, por contraposición, es que antes de caer en el «abrazo femenino» nuestros presuntos héroes eran «incapaces». Por último, este influjo femenino va a direccionar a los espermatozoides en el camino correcto tanto física como químicamente: los orientará en la dirección adecuada a la vez que desplegará toda una suerte de recursos moleculares para atraerlos de forma irreversible hacia el óvulo.

Vamos a desvelar este proceso paso a paso porque resulta, realmente, fascinante...

¡Déjame pasar!

Las asimetrías entre los gametos no son solo morfológicas, sino que afectan también, y de forma muy intensa, a su fisiología.

Para empezar, el óvulo no tiene flagelo. No se desplaza y, en principio, parece estar tranquilo, quieto, relajado. Luce esplendoroso su área pelúcida y su corona radiada, o lo que es lo mismo, está blindado en el interior de una envoltura acorazada, densa y gruesa. Es la reina y, como tal, está en su atalaya. Ni la conquista será tarea fácil, ni el camino estará sembrado de rosas. Por el contrario, el recorrido va a ser duro, peligroso y plagado de trampas.

Nada de esto «saben» los espermatozoides. Desconocen por completo lo que les espera: una cascada de torturas que ni siquiera se dan en las pistas americanas de entrenamiento de los marines. Si pudiésemos hacer un pequeño ejercicio de empatía con estas células, el término «vértigo» nos resultaría insuficiente para definir su estado. Como preámbulo de su particular odisea, son lanzados al vacío en una auténtica explosión biológica. Aunque para el organismo generador de la detonación el momento se puede calificar de bastante más que agradable, para los espermatozoides debe de suponer una experiencia brutal. La expresión no es exagerada si consideramos que, durante el primer espasmo eyaculatorio, y por término medio, unos 300 millones de estas células,[3] compactadas y apiñadas en un volumen muy pequeño de líquido seminal, son lanzadas al vacío a una velocidad que puede alcanzar los 50 kilómetros por hora.

No tenemos capacidad de poder valorar si para una célula, como tal, sería aplicable el concepto de «aturdimiento», pero debemos suponer algo equivalente a ello a este nivel de organización biológica. Y la aventura no ha hecho más que empezar.

Tras el salto al vacío constitutivo de la primera etapa, a la que podríamos llamar «fase catapulta», los espermatozoides «aterrizan» sobre la mucosa del tramo alto de la vagina (el fórnix). A esta zona acceden en un conglomerado donde, amontonados y desorientados, sufren un violento impacto contra las defensas de la vagina, que de entrada intentarán evitar el acceso de cualquier ente extraño. Los principales soldados custodios de este especial «túnel de acceso» son los bacilos de Döderlein, componentes prioritarios de lo que se llama microbiota o flora vaginal. Se trata de bacterias endosimbiontes («buenas») del género *Lactobacillus* que desarrollan y ponen en práctica una curiosa estrategia defensiva: segregar ácido láctico.[4]

El láctico funciona como un arma bioquímica de destrucción masiva contra los organismos indeseados. De hecho, determinados cambios hormonales, prácticas sexuales,[5] edad[6] y/o uso de antibacterianos[7,8] pueden alterar el pH vaginal, elevándolo. Esta subida de pH supone lo que se denomina una disbiosis, algo así como «invitar a la fiesta» a patógenos nocivos como los causantes de la candidiasis vulvovaginal, el papiloma humano y a otros responsables de enfermedades de transmisión sexual,[9] además de aumentar la susceptibilidad de la vagina al virus de la inmunodeficiencia humana (VIH) y al herpes genital. La respuesta fisiológica femenina es tan fácil como mantener cerradas las puertas químicas, esto es, mantener bajo el pH. Y de eso exactamente es de lo que se encargan los lactobacilos. Con su continua secreción de ácido láctico, garantizan la acidificación del pH vaginal, impidiendo el acceso a los patógenos.[10] Tan eficientes son los lactobacilos en la representación de su papel de «porteros de discoteca», que las nuevas terapias en el tratamiento de determinadas enfermedades vaginales problemáticas ya contemplan estrategias basadas en trasplantes de microbiotas vaginales.[11] Por utilizar un lenguaje más coloquial, si no funciona el ejército propio, se contratan mercenarios.

Pero ¿qué pasa con los espermatozoides? ¿Los consideran los «gorilas de la puerta» dignos o no de unirse a la fiesta? Dado que su pH es ligeramente básico (entre 7 y 8,3), ¿les afecta o no el choque ácido que supone el contacto con la mucosa de la vagina? La respuesta es impactante: de los cientos de millones existentes en un eyaculado estándar, solo entrarán en el útero uno de cada millar. El resto perecerán en la vagina, y eso que el líquido seminal tampona, en cierta medida, el contraste de pH.[12] Consecuentemente, y en primera instancia, se podría pensar que la acidificación del entorno resultaría letal para la inmensa mayoría de los espermatozoides. Le daríamos la razón, al menos en este momento, a su tradicional consideración de héroes troyanos. Pero resulta que el contacto con la vagina acarrea un segundo efecto muy interesante. Este tracto genital no solo actúa en negativo cribando espermatozoides, sino que también colabora con los supervivientes premiándolos, de alguna manera, por su ejercicio de resistencia y superación. La medalla con la que condecora a los resilientes de la letal prueba es, ni más ni menos, que un festín de calcio. El proceso es posible porque el pH ácido vaginal tiene otra cara, una cara que podríamos calificar de amable. La acidificación del entorno procura un ambiente químico imprescindible para activar unas pequeñas vesículas que flotan en el líquido seminal llamadas prostasomas[13] (se llaman así porque se generaron en la próstata y se añadieron como constituyentes del líquido seminal). Estas bolsitas, que están inactivas mientras permanecen en los conductos masculinos, fusionan sus membranas con las de los espermatozoides al acidificarse el pH,[14] haciendo que se incorporen a sus citoplasmas ingentes cantidades de iones calcio (Ca^{++}).[15]

El particular «avituallamiento» cálcico transforma molecularmente a los espermatozoides y les confiere una nueva «sensibilidad química» muy especial. Concretamente, los hace receptivos a la progesterona.[16] Este hecho es de crucial importancia, puesto que el lugar más cercano donde hay progesterona es ni más ni menos que en el entorno ovular.[17] Lo que se ha conseguido con esta estrategia es evidente: se ha creado un foco de atracción química (quimiotaxia) que orienta la dirección de avance de una manera unidireccional e irresistible rumbo al óvulo.

Del mismo modo que las polillas son atraídas hacia la luz, los espermatozoides avanzan hacia las profundas trompas de Falopio.

Pero vayamos anotando ideas importantes: por una parte, los espermatozoides están siendo seleccionados activamente por la vagina. Por otro, están siendo dirigidos por el óvulo.

Interesante...

El precio del avance

Los óvulos son células autosuficientes. En su generación, no necesitan más extras para completar su proceso de maduración que los que ofrece el propio entorno ovárico. Sin embargo, y aunque las primeras fases de la espermatogénesis se realizan íntegramente en el aparato reproductor masculino, los espermatozoides requieren del otro sexo para su maduración. Además de hacerlos receptivos a la progesterona, los conductos femeninos transforman la anatomía y fisiología de los espermatozoides de una manera drástica. Su nueva apariencia les permitirá no solo avanzar hacia su destino, sino poder atravesar la envoltura del óvulo y fecundarlo. Es lo que se denomina «activación y capacitación» de los espermatozoides.

Además de saber hacia dónde tienen que ir (porque ya pueden detectar la progesterona), tienen que poder hacerlo, es decir, tienen que disponer de una cola suficientemente potente para procurarse el avance. Aunque tras su paso por el epidídimo masculino ya podían propulsarse en el líquido seminal, lo hacían con un movimiento, digámoslo así, «sosegado». Sus flagelos batían pero sin excesivo entusiasmo. «Nadaban», pero con poca energía. Para animar su ritmo natatorio les hace falta un desencadenante externo, precisamente el que les procura el contacto con la mucosa femenina y esa necesaria entrada de calcio. Este particular «roce» les altera el metabolismo celular y les proporciona, básicamente, un incremento de la fuerza y la velocidad de flexión de sus colas. Las consecuencias de esta estimulante *activación* de los espermatozoides es el inicio de un ritmo natatorio desaforado.

En este excitante y excitado nuevo estado de euforia flagelar y después de apenas un par de minutos en la vagina,[18] los espermatozoides afrontan el paso por el cérvix hacia una desconocida y desasosegante cavidad: el útero.

Nueva prueba de supervivencia: están acostumbrados a desplazarse en un fluido relativamente poco denso, y ahora los espermatozoides se van a introducir en un nuevo medio mucho más «espeso». No hay más remedio que reducir la velocidad de crucero.[19] El agente causante de esta gelatinización del entorno está en la mucina que segregan las paredes uterinas y en su particular viscosidad, elasticidad y filancia (capacidad de extenderse formando delgados hilos). El incremento de la densidad del nuevo escenario no es baladí. Hablamos de varios órdenes de magnitud. Ahora los espermatozoides han de multiplicar el gasto energético para conseguir un desplazamiento por unidad de tiempo sustancialmente menor. Más trabajo para mucho menos avance. Un auténtico calvario que muchos no consiguen superar a pesar del vigor recién estrenado de sus colas.

Si pudiésemos observar en directo la agonía de los espermatozoides, podríamos establecer rápidamente el paralelismo con las imágenes de los salmones remontando el río para desovar. Pensar en lo que tienen que «nadar» a contracorriente, a contragravedad, y en un espeso mar de moco uterino hace que uno se quite el sombrero ante la tenacidad y la determinación de estas pequeñas células. Si bien unos tardan días en atravesar el océano mucoso mientras que otros alcanzan las trompas en pocas horas o incluso minutos, lo cierto es que no todos pueden completar esta hazaña. La mayoría muere en el intento, dejando un rosario de «hermanos» agotados o muertos[20] que deben configurar un escenario apocalíptico. Los menos fuertes, los deformes, los lentos o los que presenten cualquier tipo de debilidad física o funcional, pasan a ser parte de la alfombra de cadáveres del pastoso sustrato uterino. Todo un dantesco escenario de pura y dura selección natural. En este ambiente de competencia sin piedad, solo los más resistentes y fuertes consiguen atravesar el útero y llegar a las trompas.[21]

Según lo visto, cabría pensar que el útero actuaría en el proceso de selección de los espermatozoides tan solo reteniendo en su denso moco a los de baja movilidad. Es decir, de nuevo estaríamos considerando su participación como un fenómeno fundamentalmente pasivo y, desde luego, «negativo». Nuevo error. Existe una segunda cara en la actuación del útero, que podríamos tildar de muy positiva y claramente activa. Esta nueva contribución a la misión final de los espermatozoides es bastante plural, porque son varios sus efectos favorecedores (conocidos). Por una parte, la contracción de la musculatura uterina (miometrio) propulsaría físicamente a los espermatozoides, «empujándolos» en el avance hacia las trompas de Falopio.[22] Por otra parte, la elevada concentración de estradiol en el moco cervical durante el periodo periovulatorio evitaría el desencadenamiento prematuro de la exocitosis acrosómica.[23] Dicho de manera más clara, los estrógenos del moco uterino protegerían la potencialidad fecundatoria del espermatozoide, retrasando su ruptura celular y reservándola para el momento de su deseado encuentro con el óvulo. Pero existe un tercer efecto activo del útero que, curiosamente, también realizarían las fibras de mucus: «desnudarían» a su paso a los espermatozoides liberándolos de «trozos deshabilitantes». De hecho, el moco uterino, visto al microscopio electrónico de barrido, no es más que una inmensa y compleja maraña de hebras fibrosas y elásticas que «arranca» moléculas de la superficie de los espermatozoides. En este particular, agresivo e invasivo *striptease,* los espermatozoides son desprovistos de tres moléculas muy importantes de su membrana plasmática. La primera de ellas es el alfa-tocoferol (vitamina E). El hecho de liberarse de ella no les sienta del todo bien a nuestros amigos: los deja sin protección bioquímica frente a los efectos de los radicales libres de oxígeno[24] liberados por los abundantes glóbulos blancos del moco (nueva criba de espermatozoides). La liberación de las otras dos moléculas (colesterol y glicerofosfolípidos), por el contrario, hace a los supervivientes más fácilmente reconocibles por el óvulo. Es como si los espermatozoides, al quedar «desnudos», facilitaran la futura y ansiada fecundación.[25] Y eso, ¿por qué? Pues la razón estriba en que el nuevo estado de la membrana, más aligerada y fluida, deja a los receptores más expuestos y más fácilmente identificables molecularmente por el óvulo, lo que favorecerá la reacción acrosomal.[26] Por otra parte, a las cabezas de los espermatozoides, al quedarse también «desnudas», se les unen otras proteínas segregadas por el endometrio uterino (las llamadas proteínas ligadoras de ácido siálico) que favorecen la entrada de calcio que ya se propició en la vagina. Además, la cabeza de estos espermatozoides concentra una elevada cantidad de zinc, lo que parece ser algo básico para su futura eficiencia fecundadora.[27]

Resumiendo todo este lío bioquímico: los espermatozoides, más ligeritos molecularmente, resultan mucho más atractivos para el óvulo. Su nuevo y *sexy* aspecto los «capacita» molecularmente para la fecundación al llevar sus «atractivos moleculares» expuestos al exterior. Pues bien: el «modisto» responsable de este *«outfit»* es el útero.

De nuevo nos encontramos con otra activa acción del aparato reproductor femenino, sin la cual los espermatozoides serían «incapaces» de fecundar.

¡Cómo va cambiando la película!

Pero sigamos conociendo cómo se desploma el mito del ardor guerrero de nuestros presuntos adalides...

Me vuelvo loco

Por fin los espermatozoides entran en el último tramo, las trompas de Falopio (también llamadas oviductos). De las pocas decenas de miles que habían traspasado los primeros tramos, tan solo algunos cientos superan el paso por el largo y denso moco uterino y, de ellos, menos de cien alcanzará el complejo cúmulo-ovocito. Y todo porque, en esta nueva etapa, el oviducto también contribuye a la criba espermatozoica. De entrada, las trompas atrapan molecularmente la superficie de sus células, es decir, los «pegan» a sus paredes. Durante esta retención forzada, los espermatozoides sufren una ducha muy especial a cargo de un fluido procedente tanto de las propias trompas como del plasma sanguíneo transudado. Alcanza su máximo volumen (1-3 ml/día) en el momento de la ovulación[28] y contribuye a eliminar nuevas moléculas de la membrana de los espermatozoides. Estos nuevos «factores discapacitantes» son de tipo proteico y, sobre todo, mucopolisacarídicos.

A lo que vamos, que los espermatozoides cambian otra vez de *look*.

¿Y qué consiguen con ello? Pues completar su proceso madurativo y disponer de una cabeza perfectamente «remodelada», libre de moléculas molestas, y lista para fecundar al óvulo.[29] Este cambio en su «imagen molecular» lleva consigo un cambio en su comportamiento muy curioso. Los espermatozoides se vuelven mucho más susceptibles a la atracción química que les produce la corona radiata del óvulo. Es una atracción generada por la progesterona segregada por el líquido folicular ovulatorio, como ya comenté, pero también por el péptido natriurético atrial (ANP).[30] Los espermatozoides tienen, en su superficie, receptores para esta molécula con la que encajan específicamente como una cerradura y su llave. Era lo que les faltaba a los espermatozoides: si ya habían perdido la «cordura» por los efectos de la progesterona, con el ANP ya no hay nada que los libre de la atracción irreversible hacia el óvulo.

Quizá resulte curioso saber que la quimiotaxis que ejerce el óvulo[31] no es un fenómeno extraño. Por el contrario, esta seducción puramente química está muy generalizada en todo el reino animal. De hecho, espermatozoides de animales muy alejados filogenéticamente de nosotros (como el pulpo) también resultan, en experimentos *in vitro,* atraídos por la progesterona.[32] Se ve que esta hormona actúa como el canto de las sirenas para Ulises y sus compañeros itacenses. Los espermatozoides, sean de la especie que sean, no encuentran la forma de resistirse...

Pero también se puede destacar un segundo e interesantísimo aspecto. Y es que los espermatozoides retenidos en las trompas adquieren otra facultad: cambiar su forma de desplazarse. Entran en lo que se denomina una «motilidad hiperactivada».[33] Hasta el momento, las colas propulsaban a los espermatozoides en una trayectoria de avance más o menos rectilínea. A partir de este momento, el movimiento se vuelve vigorosamente oscilante. Dicho de otra manera, empiezan a «dar cabezazos» con fuertes impulsos hacia derecha e izquierda. Todo esto se consigue, simplemente, porque se genera una asimetría en la onda del movimiento flagelar[34] y cambia el ángulo de contracción de sus microtúbulos,[35] lo que se traduce en una mayor capacidad de flexión del flagelo. Pues bien, a cabezazo limpio consiguen dos cosas: por una parte, un movimiento circular que los «despega» de las paredes oviductales.[36] Por otra, la nueva trayectoria curva y tortuosa los transforma en barrenas excavadoras para procurar el avance físico a través de las envolturas que protegen al deseado óvulo.

Las trompas, pues, han conseguido otra proeza en los espermatozoides: que estos puedan perforar tejidos.

Localizado el objetivo

El óvulo, una vez abierto el folículo ovárico donde se ha generado y desarrollado, es recogido por el extremo más distal de las trompas de Falopio (el pabellón). La recogida es mimosa y delicada, como corresponde a una privilegiada y prometedora célula única. Justo antes de la ovulación, los cilios móviles del pabellón se hacen tumescentes y congestivos (esto es, gorditos), se acercan al ovario con movimientos pulsátiles y «acarician» continuamente su superficie.[37] El objetivo es captar el momento preciso en que el folículo se abra para transportar al óvulo recién capturado al interior de la trompa.[38] En realidad, las fimbrias del pabellón cubren como un embudo la superficie del ovario y «succionan» el óvulo para llevarlo, con un suave movimiento ciliar, al ámpula de la trompa (también llamada ampolla).

Ahí es donde, por fin, va a tener lugar la fecundación.

Con su nueva configuración fisiológica de «hiperactivados», los espermatozoides alcanzan el ámpula preparados para el asalto final al óvulo, pero... ¡horror!

¡Hay un problema! ¡El objetivo no está a la vista!

Es cierto. El óvulo está bien custodiado, protegido y parapetado en el núcleo de un conjunto de capas protectoras concéntricas que lo revisten como si de una cebolla se tratase. Esta cubierta, muy espesa, celular y mucosa cuando aún no se ha producido la ovulación, recibe el nombre de *cumulus oophorus* (o simplemente, cúmulo). Tras la ovulación, se transforma en lo que toda reina debe lucir con orgullo: su corona.

El espermatozoide, que «pensaba» que con llegar era suficiente para fecundar al óvulo, ahora se encuentra con que no puede acceder a su membrana plasmática. Se plantea un nuevo problema: franquear la corona de marras. Además, resulta que la corona, como si se tratase de la de un faraón egipcio, es doble.

Por una parte, y como hemos adelantado en el capítulo anterior, la membrana del óvulo se encuentra rodeada por la llamada zona pelúcida (o capa envolvente interna), una capa mucilaginosa acelular de unos 15-20 μm de grosor, formada por una densa red de finos filamentos de glucoproteínas.[39] Estas fibras, segregadas tanto por el propio óvulo como por las células granulosas de la corona radiada (la segunda envoltura), aportan una envuelta mullida y confortable al óvulo. No obstante, su función es mucho más importante que la de un simple *airbag,* porque sus glicoproteínas van a ser las encargadas de recibir a los espermatozoides.[40] Además, y una vez producida la fecundación, la zona pelúcida protegerá y alimentará al protoembrión[41] en sus primeras etapas de desarrollo, lo escudará frente a la infiltración de leucocitos y microorganismos y, algo fundamental, inhibirá la polispermia.[42] Pero no adelantemos acontecimientos...

El área pelúcida, a su vez, está envuelta en una segunda capa, esta vez celular. Es lo que se llama *corona radiata,* un conjunto de 3-4 capas celulares procedentes del cúmulo inmersas en una matriz de, fundamentalmente, ácido hialurónico.[43] Estas células contribuirán al abastecimiento energético del óvulo mediante proyecciones celulares tipo *gap*.[44] Al igual que la zona pelúcida, la corona radiada no solo protege mecánicamente al futuro cigoto en su viaje hacia el útero, sino que, como ya vimos, segrega la irresistible progesterona para atraer químicamente a los espermatozoides.[45,46]

El ansiado premio

¡Qué duro ha sido el asalto y cuántos se han quedado por el camino! De hecho, de los 300 millones de los que partíamos, tan solo llegan al ámpula unos doscientos espermatozoides (el 0,00000067%). Vaya una escabechina... Pero acabamos de ver cómo el protagonismo de este proceso no es solo para unos espermatozoides luchando a través de unos conductos más o menos inertes. Todo lo contrario: el tracto reproductor femenino se nos revela como un conjunto de tejidos altamente especializados, regionalizados y encargados de regular no solo la capacitación de los espermatozoides, sino su ritmo y dirección de avance. Los conductos controlan activamente el acceso al gameto femenino.[47]

Es un *woman power* total.

En cualquier caso, sea por control femenino o por cabezonería masculina (y nunca mejor dicho), por fin, va a tener lugar la tan ansiada fecundación.

Recordemos lo que todos sabemos del bachillerato, esto es, que la fecundación consiste en la fusión de los pronúcleos haploides de espermatozoide y óvulo para constituir la dotación cromosómica diploide, única e irrepetible, que dotará de identidad biológica al nuevo ser.

Esto, siendo cierto, no ocurre de golpe. Esta maravilla de la naturaleza, que es la fusión entre ambas células sexuales, implica varios procesos diferentes.

En primer lugar, el espermatozoide, tras abrirse paso (a cabezazo limpio) a través de la *corona radiata,* accede a la zona pelúcida del óvulo. Aquí tiene lugar un reconocimiento específico entre una proteína de superficie de la membrana del espermatozoide con las glicoproteínas de la zona pelúcida del óvulo (concretamente con la ZP3).[48] Este complejo ensamblaje tridimensional entre moléculas[49] hace que la cabeza del espermatozoide «explote», esto es, que se rompa la membrana plasmática y que se exponga la acción de su acrosoma al óvulo. El acrosoma se llama así porque es el «corpúsculo de la cabeza» y actúa como los cartuchos de dinamita barrenando una montaña para hacer un túnel.

Aunque la idea generalizada es que este efecto «perforador» es responsabilidad exclusiva del espermatozoide, de nuevo vamos a refutar el mito. Para ello tenemos que recordar las transformaciones que los espermatozoides han sufrido en su periplo por los conductos del aparato reproductor femenino. Aunque muchas de ellas estaban encaminadas a procurar su movilidad en cuanto a velocidad y propulsión flagelar, otras están dirigidas a que la reacción acrosómica pueda tener lugar. En primer lugar, la albúmina segregada por las trompas «activa» al acrosoma. Además, en el proceso de despojado de sus vestimentas, los espermatozoides han perdido carbohidratos de su matriz extracelular, lo que deja expuestas sus proteínas de membrana para que puedan sufrir un proceso bioquímico llamado fosforilación. Por otra parte, recordemos que había entrado masivamente calcio en el interior celular. ¿Qué se ha conseguido con todo eso? Pues que las proteínas de la membrana del espermatozoide (los receptores de las del óvulo) se hayan convertido en una llave maestra para abrir las cerraduras de la membrana del gameto femenino.

Es algo realmente asombroso, si consideramos que esta llave masculina solo va a abrir las puertas femeninas de sus «chicas», es decir, los espermatozoides de una determinada especie solo van a fecundar los óvulos liberados por las hembras de su especie y no de otras. Esto nos resulta un tanto irrelevante a nosotros, humanos, que tenemos fecundación interna. Pero ¿te has preguntado alguna vez qué pasa en los animales acuáticos con fecundación externa? ¿Has pensado alguna vez que mares, océanos y ríos no son más que enormes sopas donde van y viene óvulos y espermatozoides de millones (literalmente) de especies? ¿Cómo es que «cada oveja» se va con su pareja? O lo que es lo mismo, ¿cómo saben cuál es «su pareja»?

Pues lo saben «molecularmente». Lo saben porque las proteínas de superficie de los espermatozoides tienen sus cabezas dotadas de «llaves» que abren solo las «cerraduras» de sus correspondientes óvulos. Las llaves son específicas y no abren la puerta de los vecinos, por muy «parecidos» que estos sean. Hablamos, pues, de un reconocimiento «personalizado» a nivel molecular. Los gametos masculino y femenino de la misma especie se «gustan», pero los de especies diferentes entre sí se resultan recíprocamente indiferentes y, si por un casual contactasen físicamente, sus llaves no encajarían en sus cerraduras. Los mecanismos de aislamiento reproductor a nivel molecular son absolutamente fascinantes, y garantizan la imposibilidad de hibridaciones en el mundo animal. Así, si una rana atrevida y osada se sintiese atraída por «un» rana pero de otra especie (es decir, si los mecanismos de aislamiento reproductor geográfico, ecológico y etológico fallasen), los mecanismos moleculares garantizarían la imposibilidad de cruzamientos.[50]

Pero volvamos a nuestra historia, que se nos ha quedado en un punto de lo más interesante...

¿En qué consiste exactamente la reacción acrosómica?

La respuesta es muy evidente si volvemos la vista hacia el camino que ha tenido que recorrer el espermatozoide. Recordemos que el contenido de la zona pelúcida y de la matriz de la corona radiata era, fundamentalmente, ácido hialurónico. Pues bien, el contenido del acrosoma es, fundamentalmente, hialuronidasa, es decir, la molécula «disolvente» del ácido hialurónico.[51] En consecuencia, por donde pasa un acrosoma se va diluyendo la envoltura del óvulo. A ello ayuda el hecho de que también se vierten otras enzimas hidrolíticas, como la acrosina y la tripsina, que disuelven la corona ovular como un azucarillo en el agua.

No obstante, sería una labor titánica que esto lo tuviese que hacer un solo espermatozoide que, recordemos, es extraordinariamente pequeño en relación con el óvulo. En este proceso de disolución de la zona pelúcida intervienen todos los espermatozoides que han llegado, en tropel, a la superficie del óvulo. Es una labor de conjunto parecida a la que hace el pelotón de una vuelta ciclista: todos colaboran, pero solo uno ganará el ansiado *maillot* amarillo.

Muchos son los llamados y uno solo el elegido

En el proceso de penetración a través de la zona pelúcida, a razón de un micrómetro por minuto, llega un momento en que uno de los espermatozoides toca la membrana celular del óvulo y se fusionan ambas membranas (a ello ayudan sustancialmente los iones calcio y bicarbonato con los que se había cargado el espermatozoide).[52] En *Homo sapiens,* al igual que en el resto de los mamíferos, esta fusión no se realiza por el extremo de la cabeza del espermatozoide, sino sobre su costado (la región denominada dominio ecuatorial de la cabeza).

Esta fusión es la desencadenante de una absoluta revolución en el óvulo, actuando como revulsivo total de su comportamiento. Hasta el momento, aunque inaccesible y distante físicamente, siempre había contribuido, hormonal y molecularmente, a favorecer el acceso, el acercamiento y la capacitación de los espermatozoides. Ahora cambia de manera radical su forma de proceder. Se vuelve por completo hostil y niega el pan y la sal a todos los que no son el gran privilegiado, esto es, no quiere saber nada de ninguno excepto del que ha tenido la gran suerte de tocarlo por primera vez.

Este comportamiento discriminatorio del óvulo para con los «segundones» se manifiesta en varios frentes, pero la consecuencia es la justa y necesaria: en el óvulo va a entrar el contenido de «un y solo un» espermatozoide.

De esta forma el óvulo, en instantes infinitesimales de tiempo, se «cierra en banda» a recibir a nuevos «novios». Esto ocurre por la confluencia de dos circunstancias:

En primer lugar, se altera su potencial de membrana. Esto significa que cambia la configuración eléctrica de las proteínas de superficie del óvulo, lo que se traduce en un cambio de estructura terciaria.[53] Hablando en plata, las cerraduras cambian instantáneamente de configuración. Las llaves de los nuevos espermatozoides que accedan a la superficie del óvulo, no podrán entrar en las cerraduras por la simple razón de que han cambiado las cerraduras. Les han bloqueado el acceso. Es como si el banco anulara nuestra tarjeta de crédito. Por más que metamos el pin correctamente, no conseguiremos sacar ni un solo euro.

En segundo lugar, se produce la llamada reacción cortical. Consiste en una salida masiva del contenido de unos gránulos que, estando preparados debajo de la membrana citoplasmática del óvulo, migran hacia la zona pelúcida. Es como si el óvulo se volviese loco activando millones de catapultas hacia el exterior. Los gránulos expulsados son vesículas secretoras cargadas de enzimas hidrolíticas que lo que hacen es destruir las proteínas de la zona pelúcida,[54] esas mismas que se encargaban de recepcionar a los espermatozoides. Nuestros amiguitos se han quedado sin comité de recepción. Ya nadie los quiere. Ya no son bien recibidos. Bordean como locos los alrededores del cigoto buscando una puerta que se haya podido quedar abierta, pero es inútil. Están condenados a «no comerse una rosca». El sistema de seguridad del óvulo es mejor que el del banco suizo más moderno y no tiene piedad con los miles de «segundones» que se quedan mirando la tierra prometida pero sin poder entrar en ella.

Esta es la manera en que la mayoría de los animales, entre ellos nosotros, inhibimos la polispermia. Este proceso es crucial, puesto que, si más de un espermatozoide se fusionara con el huevo, el nuevo ser tendría juegos extra de cromosomas en vez de los dos reglamentarios (el del padre y el de la madre). El resultado sería un desarrollo anormal e inviable del embrión.

Pues bien, anotemos una nueva idea en nuestro cuaderno de bitácora: la importantísima y trascendental inhibición de la poliploidía es también responsabilidad del sexo femenino...

Pero sigamos. Una vez asegurado que no hay ninguna posibilidad de polispermia, se forma un cono de fecundación que «aspira» el contenido del espermatozoide al interior del citoplasma ovular. En este proceso de entrada del pronúcleo del espermatozoide en el interior del óvulo, pueden «colarse» algunas de las mitocondrias que propulsan al flagelo por su base, pero normalmente estas están condenadas a muerte. Tras ser marcadas por parte de las ubicuitinas del óvulo,[55] unas proteínas que «deciden» celularmente lo que se manda a degradar y «reciclar»,[56] son destruidas. Alguna que otra puede sobrevivir y el ADN mitocondrial paterno podría aparecer, de manera testimonial, en los descendientes (en sus músculos),[57] pero lo normal es que este hecho, a nivel de legado genético, carezca de trascendencia para el nuevo ser que está a punto de empezar a formarse.

Todavía no he cumplido mi misión

Nuestro espermatozoide triunfador tiene poco tiempo para saborear las mieles de su éxito.

De hecho, ha entrado en el óvulo, es decir, se ha producido la plasmogamia, pero aún no ha tenido lugar la cariogamia. Para que ello ocurra, se tienen que fusionar los dos núcleos, el del espermatozoide y el del óvulo, que, una vez dentro de la misma célula fusionada, se denominan pronúcleos.

Pobre pronúcleo masculino. El citoplasma del óvulo es un océano inmenso y viscoso y nadar hasta alcanzar el pronúcleo femenino le debe de parecer misión imposible. En su ayuda vienen los microtúbulos, una especie de «cuerdas» que se van a establecer entre los dos pronúcleos procurando la tracción del uno hacia el otro.[58] De hecho, estos túbulos empiezan a realizar una especie de «encogimiento» hasta que los pronúcleos contactan.[59] Una vez que se ha producido el acercamiento, fusionan primero sus membranas nucleares exteriores, después las interiores y, por fin, los dos pronúcleos combinan los contenidos genéticos y forma una sola envoltura a su alrededor.[60]

Ahora sí.

Ahora por fin se ha formado el cigoto.

Ahora se ha configurado el genoma del nuevo ser.

Ahora comienza la vida de un nuevo individuo.

Llevo muchos años dedicada a la biología. Un porcentaje importante de ellos los he invertido en explicar a mis alumnos las etapas iniciales de la formación de todos los animales, entre ellos, nosotros, los espectaculares *Homo sapiens*. Podría ser una rutina para mí.

Por otra parte, las fecundaciones entre óvulos y espermatozoides de todas las especies ocurren millones de veces por segundo en nuestro planeta. Podría estar un poco cansada de constatar este hecho.

Pues ni lo uno ni lo otro.

Aún no he dejado de maravillarme y sorprenderme cada vez

que describo este proceso a mis estudiantes. Es algo más que increíble, y no en el sentido figurado del término. Es tan perfecto que cuesta creerlo. Es un total y absoluto prodigio.

Ellos escuchan asombrados sin tener ni idea de que la que realmente no sale de su asombro soy yo.

3
El modelado más fascinante

No todo es matemáticas y no todo es simple lógica, también se trata de un poco de belleza y poesía.

MARIA MONTESSORI,
Método de la Pedagogía científica

Ya habrás concluido que, posiblemente, no exista nada en el mundo de la biología que me parezca más apasionante que entender los fenómenos implicados en la formación de un nuevo ser. El asistir como testigo en directo a la portentosa fuerza generatriz que despliega un diminuto cigoto para crear una criatura es algo fascinante. Se te acelera el corazón contemplando la potencia del arranque irrefrenable de la vida en forma de frenética multiplicación de las células, viendo cómo se apelotonan para formar esa primera bolita de blastómeros,[1] comprobando cómo empiezan a desplazarse unas sobre otras mientras van adquiriendo morfologías y posiciones diferenciadas..., todo ello es un lujo de observación indescriptible. Y te levantas porque tienes que comer y vuelves a casa porque hay vida más allá del laboratorio, pero... estás deseando regresar. Quieres sentarte de nuevo ante tu microscopio, verificar que son correctos tus cálculos y comprobar que ya habrá pasado suficiente tiempo para reconocer cómo se ensancha el extremo anterior del tubo neural, esbozando lo que terminará siendo el cerebro. Te afanas en tener la cámara preparada y los objetivos bien limpios porque ya se estará plegando el tubo cardiaco configurando el corazón primigenio y por nada del mundo te quieres perder ese momento en que, como tocado por una varita mágica, se va a contraer en su primer latido.

Te aseguro que es un privilegio de una emoción inenarrable.

Tratar de comprender cómo esas células se organizan para

formar diferentes tejidos y cómo los tejidos se imbrican en los primordios de los órganos que, en un futuro, van a posibilitar el funcionamiento de un nuevo ser, hacen de la investigación biológica, en especial de la biología del desarrollo embrionario, una profesión sin igual. Después de muchos años trabajando con embriones en desarrollo creo, con toda sinceridad, que no existe nada más fascinante ni más bello. Y la belleza a la que aludo no solo es física (que también), sino absolutamente intelectual. Las neuronas brillan y chisporrotean cuando sigues el proceso pegada a tus oculares, descifras cada corte histológico de tu casi infinita serie y reconoces los esbozos de cada nueva estructura que va surgiendo como por hechizo.

Pero hay más.

Hay algo más añadido a lo material y a lo mental.

Hay belleza espiritual.

Max Planck, uno de los científicos más relevantes del siglo XX, premio Nobel de Física y considerado el fundador de la teoría cuántica, afirmó, en una de sus citas más conocidas, que «Para las personas creyentes, Dios está al principio. Para los científicos está el final de todas sus reflexiones».[2] Algo (o mucho) de eso se llega a sentir, a intuir, a vislumbrar cuando tienes el privilegio de contemplar el modelado plástico de un nuevo ser. Me siento incapaz de trasladar esta idea, etérea y fugaz, a un prosaico texto, pero tiene poco que ver con la ciencia y mucho con una intuición ajena por completo al mundo de la investigación y a su metodología objetivable. Como diría Stephen Jay Gould, se trata de otro magisterio...[3]

Pero dejemos estos devaneos mentales y volvamos a poner los pies en el suelo.

No es el objetivo de este libro (quizá lo sea de otro algún día) el contar cómo, a partir de la fecundación, se desencadenan los complejísimos procesos que llevan a la configuración de un nuevo individuo. Aquí me centraré en narrar una parte concreta y fascinante de esta historia real. Los apartados siguientes se dedicarán a comprender las diferencias de desarrollo embrionario que nos llevan a tener un determinado sexo al nacer y en las implicaciones funcionales que esas diferencias llevan consigo.

El libro de instrucciones: los genes

El sexo de un ser humano está determinado cromosómicamente, al igual que ocurre en el resto de los mamíferos y en otros grupos de animales (como los equinodermos, los moluscos o algunos artrópodos). La manera de establecerse el sexo de un nuevo ser es a través del llamado par sexual de cromosomas, que en el caso de las mujeres está representado por dos cromosomas X y, en el de los hombres, por un cromosoma X y otro Y.[4] El par sexual se une al resto de los pares de cromosomas (los no sexuales, que son 22 y se denominan autosomas). De esta manera, la dotación cromosómica de la mujer es 44XX mientras que la del hombre es 44XY. Como aquí solo nos interesa el aspecto sexual, nos olvidamos de los autosomas y abreviamos diciendo que las mujeres son XX y los hombres XY. En principio, un cigoto XX originará un nuevo individuo mujer mientras que otro XY dará lugar a un hombre.[5,6] Este sería nuestro primer sexo, el que tendríamos en la fase más inicial de nuestra vida (cuando somos un cigoto) y es lo que se denomina «sexo cromosómico».[7]

Pero ¿cómo se pasa de aquí a que el desarrollo embrionario «modele» un hombre o una mujer?

La respuesta es tan fácil como que el cromosoma Y tiene un gen llamado *Sry*[8] (del inglés *sex-determining region of the Y chromosome)*. Este gen, localizado en su brazo corto, actúa como un interruptor. Si el embrión es XY, dispondrá de él (si no ha ocurrido ninguna anomalía, que puede haberlas).[9] Pues bien, al llegar la cuarta semana del desarrollo embrionario, el gen *Sry* entra en acción, se expresa y hace que se diferencien los testículos. Si, por el contrario, no existe este gen (por tratarse de un embrión XX y carecer de cromosoma Y), se formarán ovarios.[10]

Sin embargo, en los últimos años se han identificado otros genes asociados a *Sry,* como el *Sox9,* el *Wnt4* y *Dax1,* como veremos más adelante. Parece ser que, en realidad, el *Sox9* sería el verdadero gen desencadenante de la diferenciación testicular en todos los vertebrados tetrápodos,[11] mientras que *Sry* tan solo actuaría a modo de «interruptor» en los mamíferos modernos. De hecho, *Sry* sería una novedad mutacional en el linaje de los mamíferos,[12] un gen muy moderno evolutivamente hablando (de hace «solo» 166 millones de años),[13] cuya expresión, como si encendiéramos una luz, desencadenaría la acción de *Sox9.*

No obstante, desde que vemos los planos de la casa hasta que podemos habitarla hay un largo trecho por recorrer. Lo mismo ocurre aquí. Desde que actúa (si lo hay) el gen *Sry* hasta que se forma (o no) un embrión masculino, ocurren muchísimas cosas, algunas de ellas realmente increíbles.

Al principio no hay nada definido

¡Ha sido niña! ¡Ha sido niño!

El romanticismo que implicaban estos anuncios cuando una criatura asomaba al mundo ya es historia hace mucho tiempo. El gran desarrollo técnico de las últimas décadas y la elevada resolución de los ecógrafos actuales permiten revelar el sexo del feto en estadios extraordinariamente precoces, casi desde que los genitales empiezan a esbozarse. Pero, en contra de lo que podría esperarse, esto no ocurre hasta que está bastante avanzada la gestación.

Pongámonos en el supuesto de que no existiesen los análisis

genéticos y que no pudiésemos establecer de forma precoz la dotación cromosómica (XX o XY) de un embrión de *Homo sapiens*. En este caso, una ecografía, por muy perfecta que fuese, sería insuficiente para establecer si la imagen del monitor corresponde a una futura niña o si, por el contrario, se trata de un embrión masculino. De hecho, sería imposible porque el embrión, aunque tenga definido cromosómicamente el sexo, no lo tiene morfológicamente. De forma curiosa, parece como si estuviese preparado en potencia para tomar un camino u otro durante una etapa bastante amplia que se podría calificar de sexualmente indiferenciada. Se trata de una fase del desarrollo embrionario durante la cual todos los aparatos y sistemas, salvo el reproductor, están formándose y configurando los diferentes órganos implicados en llevar a cabo su futuro funcionamiento, con independencia de si las células que lo constituyen son XX o XY. Hombres y mujeres, por lo tanto, nos desarrollamos exactamente igual durante la morfogénesis y gran parte de la organogénesis, tanto en lo que respecta a sistemas muy precoces, como el sistema nervioso o el aparato circulatorio, como en lo referente a estructuras de otros aparatos como las complejas compartimentaciones y plegamientos del tubo digestivo.

El aparato reproductor, pues, desde el punto de vista de la «velocidad» en su desarrollo, es bastante excepcional. Se lo toma con mucha más calma y no empieza a definirse hasta muy avanzado el desarrollo. Se podría decir que el embrión «no presenta mucho interés» en su futuro sexo, puesto que, incluso cuando las gónadas empiezan a manifestar sus primordios, crecen bastante físicamente antes de hacerlo fisiológicamente, es decir, antes de diferenciarse de forma definitiva en ovarios o testículos. De hecho, durante esta etapa se habla, en genérico, de cordones sexuales primarios o crestas genitales para hacer referencia a estas gónadas, no diferenciadas en ovarios o testículos, y situadas en la parte posterior de la pared abdominal del embrión.

Llega un momento crucial en el desarrollo, un momento clave, en el cual se acaba la igualdad entre los embriones femeninos y los masculinos. Es el momento en que empieza un proceso que va a generar una diferenciación irreversible en mujer u hombre. Este proceso va a depender de ese decisivo gen al que hemos denominado *Sry*.[14]

Al llegar la cuarta semana del desarrollo de los embriones XY, el gen *Sry* entra en acción y activa al *Sox9* (podríamos decir que «lo enciende», siguiendo el paralelismo del interruptor de luz). Con su acción, las crestas genitales comienzan a dejar de ser gónadas bipotenciales para iniciar su diferenciación en testículos. A partir de este momento, ya se empiezan a denominar cordones testiculares o primordios testiculares y el embrión comienza a adquirir el llamado «sexo gonadal»[15] masculino.

Si, por el contrario, estamos ante un embrión de mujer, su sexo cromosómico será XX, por lo que no tendrá el gen *Sry* y las gónadas indiferenciadas se transformarán en los llamados primordios ováricos. Su «sexo gonadal», será pues, el femenino.

Sin embargo, los aparatos reproductores masculino y femenino tienen muchísimas más diferencias que las relativas estrictamente a las gónadas. ¿Qué pasa, entonces, con las trompas, el útero, la vagina o la vulva? ¿No son radicalmente diferentes a los deferentes, la próstata, las vesículas seminales o el pene?

Pues sí que lo son y se forman de una manera muy curiosa a partir de estructuras muy diferentes.

Para comprender bien esta fase, completamente apasionante, del desarrollo embrionario son necesarios dos requisitos: por una parte, tenemos que desempolvar el «testamento» biológico de nuestra especie y revisar con detalle la herencia que nos dejaron unos «tatarabuelos» algo lejanos. Tan lejanos como los anfibios. Por otra, hemos de recordar la llamada ley biogenética funda-

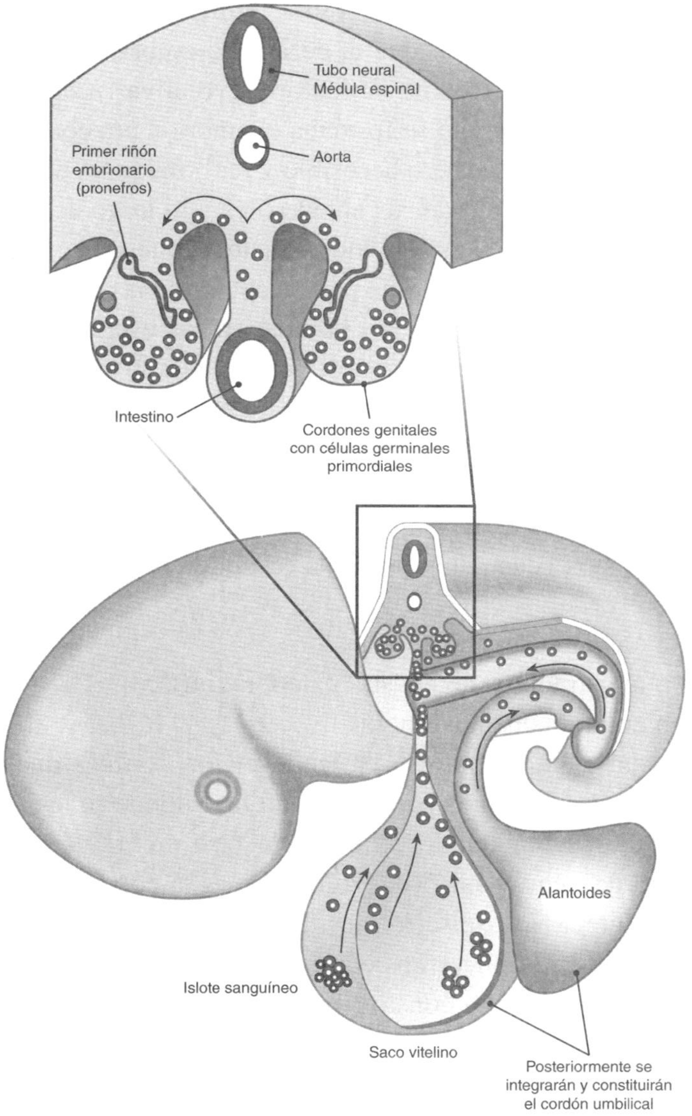

Esquema de un embrión de mamífero en una etapa del desarrollo anterior a la diferenciación masculina/femenina de las gónadas. Los cordones sexuales primarios se disponen en la pared dorsal de la primigenia cavidad abdominal. En la parte superior de la figura se amplía una sección transversal de la parte dorsal del embrión a este nivel.

mental. La enunció Haeckel en 1866[16] y fue toda una revolución conceptual. Venía a decir que el desarrollo embrionario de cada especie *(ontogenia)* resume su historia evolutiva *(filogenia),* es decir, que observar cómo se formaba el embrión era como disponer de una prodigiosa (pero accesible y real) máquina del tiempo para recorrer el periplo de sus antecesores a lo largo de millones de años. Si bien esto no es del todo exacto, sí que existe unanimidad en el mundo de la biología para aceptar que las especies evolutivamente más emparentadas comparten los estadios de desarrollo embrionario más tempranos y difieren en los más tardíos.[17] De la misma forma, si una estructura desaparece en la evolución de un taxón, todavía se puede observar en algún momento de su desarrollo embrionario, aunque después se atrofie o se modifique en estadios posteriores. En otras palabras, los embriones, en su desarrollo, nos «cuentan» de forma resumida la historia evolutiva de su estirpe.

Son chivatos de nuestro pasado.

Son registradores de nuestra paleobiografía.

Son notarios de la evolución.

Con un ejemplo todo se entiende mejor. ¿Sabías que nuestros embriones humanos pasan por una fase donde se les marcan las hendiduras branquiales? Pues esta fase embrionaria señala una etapa de nuestra historia evolutiva y es la correspondiente a nuestros antepasados pisciformes. La evolución continuó su camino y en el embrión vemos cómo el esqueleto de estas agallas se «recicló» y terminó constituyendo, entre otras cosas, nuestra faringe.

Fascinante.

De la misma manera, la cola que presenta el embrión humano (y que queda reducida a nuestro vestigial coxis) nos está indicando cómo, en algún momento de la evolución de este grupo de raros primates que somos, se perdió la porción terminal de la columna vertebral.[18]

Esta pequeña mención a la ley de recapitulación es muy importante para entender de dónde vienen todas las estructuras no gonadales de nuestros aparatos reproductores. Y la explicación es asombrosa. Resulta que nuestros antepasados anfibios tenían, en estado adulto, unos riñones (mesonefros) diferentes a los que, millones de años más tarde, aparecieron en los reptiles (metanefros). Los humanos adultos tenemos riñones, por supuesto, metanéfricos, que para eso somos muy «modernos» y descendemos de reptiles mamiferoides. Pero, y este «pero» es muy importante, antes de que nuestros embriones desarrollen el metanefros, pasan por una fase más temprana que, abusando un poco de la terminología, podríamos denominar «etapa anfibia». Pues bien, en esa etapa los embriones humanos desarrollan su «riñón anfibio», el mesonefros, que lleva asociado dos pares de conductos: los conductos de Wolff y los conductos de Müller. Tal cual, este lote completo de los ancestros anfibios lo reciben en herencia sus descendientes mamíferos y se reparte equitativamente entre los sexos (y hay quien denomina a este reparto de conductos genitales el «sexo ductal»).[19] El reparto se realiza de forma que a los embriones XX «les corresponderían» los conductos de Müller, a partir de los cuales se diferenciarán las trompas de Falopio, el útero, el cuello uterino y la parte superior de la vagina.[20] En estos embriones, los conductos de Wolff no se desarrollarían más y terminarían degenerando. Por el contrario, los embriones XY «heredan» los conductos de Wolff.[21] La testosterona que sintetizan sus embrionarios testículos hace que estos conductos se mantengan y se conviertan en los epidídimos, y el conducto eyaculador. En este caso, son los conductos de Müller los que degeneran.

Por otra parte, el propio riñón mesonéfrico (no sus conductos) también permanece en los mamíferos, pero nunca llegará a funcionar como un riñón. Por el contrario, se reorganizará para dar lugar a los conductos deferentes (si el embrión es masculino) o al ligamento ancho del útero (si es femenino).

Hemos de reconocer que nuestros ricos antepasados anfibioides han sido justos en la herencia y el reparto ha quedado de lo más equilibrado: un par de conductos para los hombres, otro par de conductos para las mujeres y el propio mesonefros para ambos (modificado diferencialmente por cada uno de ellos). Nada de injusticias por razón de sexo. Bravo.

Pero si los anfibios han sido equitativos y modélicos a la hora de redactar su testamento, también hemos de reconocer que nosotros hemos sido de lo más originales a la hora de administrar esta herencia. Y aquí conviene reflexionar sobre un hecho que he contado «como de paso» y sin reparar mucho en pormenores. Me refiero al detalle de que la naturaleza exacta del legado son conductos excretores, y ¿qué hemos hecho nosotros? Pues transformarlos en estructuras... ¡reproductoras!

Este hecho tiene mucha más trascendencia de lo que aparenta. Con su constatación, además de confirmarse, una vez más, que la evolución no es un proceso determinista ni responde a ningún plan preestablecido, se pone de manifiesto una segunda circunstancia de lo más sorprendente: la evolución es un ejemplo modélico del más puro y exquisito uso del concepto de «reciclaje». Si aparece algo más eficiente (el metanefros), fantástico. La selección natural lo recibe con los brazos abiertos. Pero de tirar el riñón viejo (el mesonefros), nada de nada. Aquí se aprovecha todo y, ya que no nos vale para la función excretora, lo reutilizamos para hacer «florituras» en el aparato reproductor. Eficiencia y eficacia de una misma tacada.

Constatamos, pues, y con bastante asombro, que las diferencias de los aparatos reproductores no son más que el resultado del reparto y reutilización entre sexos de la herencia excretora anfibia.

Si la vida te da sorpresas, la formación de la vida te da más aún.

Toda esta historia de diferenciación y reparto de conductos no sería factible si no existiese un sistema que lo regulase. De otra forma, ¿cómo «sabría» el embrión femenino que se debe quedar con los conductos de Müller? ¿Y cómo «elegiría» el masculino los conductos de Wolff como «materia prima para modelar»?

En la gónada del embrión masculino, que recordemos que ya estaba diferenciada en lo que se ha denominado el primordio testicular, empiezan a funcionar dos tipos celulares diferentes generados por la acción de nuestro viejo conocido, el gen *Sry*. Por una parte, están las células de Sertoli (en los cordones testiculares), que comienzan a segregar la llamada hormona antimülleriana (AMH).[22] Su propio nombre ya nos indica cuál va a ser su acción principal: inhibir el desarrollo de los conductos de Müller, que terminarán degenerando.[23,24] Simultáneamente, contribuye a la diferenciación de los derivados de los conductos de Wolff. Pero, por otra parte, el primordio testicular diferencia un segundo tipo celular, las llamadas células de Leydig. Estas van a ser las que se encarguen de la síntesis de testosterona,[25] la hormona responsable de la virilización genital. Este proceso, que tiene lugar entre la cuarta y la sexta semana de gestación, lleva consigo la diferenciación, entre otras estructuras, de la próstata (a partir del seno urogenital) o las vesículas seminales.

El ovario, por su parte, se mantiene indiferenciado por más tiempo aún. Como no tiene células de Sertoli, no segrega AMH. Hasta hace poco se creía que la simple ausencia de hormona antimülleriana permitía la diferenciación de los conductos de Müller en trompas, útero, cuello de útero y parte superior de la vagina.[26] Sin embargo, parece que este proceso no es tan pasivo como se suponía y que los genes *Dax1* (localizado en el cromosoma X) y *Wnt4* (localizado en el cromosoma 1) intervienen de alguna forma (aún no muy clara) en una cascada de actuaciones involucradas en inhibir el desarrollo del testículo. El primero actuaría como «supresor de testículo», mientras que el segundo inhibiría el paso de testosterona a dihidrotestosterona.

Los penes polivalentes

Al igual que ocurre con las gónadas y los conductos genitales, los genitales externos de embriones pasan por una fase inicial indiferenciada donde es imposible distinguir, externamente, si su naturaleza es femenina o masculina. En esta etapa, establecida en torno a la cuarta semana de gestación, se dispone de tres estructuras básicas en el área correspondiente a su futura zona genital externa: el tubérculo genital, los pliegues genitales/uretrales (con el surco uretral en su centro) y las tumefacciones genitales.

Del tubérculo genital, en ambos embriones, se formará el falo primordial.[27] Esta estructura, que permanecerá indiferenciada hasta la novena semana gestacional, constituye el rudimento del futuro clítoris (para los XX) o futuro glande (para los XY). El mayor desarrollo del tubérculo genital en los hombres hará posible la protrusión del pene,[28] donde desembocarán, en una uretra común, la uretra excretora y el conducto eyaculador. Este proceso de elongación parece estar mediado por el gen *Mafb*.[29] De los pliegues genitales (uretrales) se originará el cuerpo del pene (en hombres) o los labios menores si se trata de un feto femenino. Por último, escroto y labios mayores se originarán de las tumefacciones genitales.[30] La diferenciación de estas estructuras también está mediada por la testosterona y su derivada, la dihidrotestosterona. De esta forma se virilizaría la indiferenciada constitución genital inicial, que prácticamente no va a cambiar de forma en las futuras mujeres.

Así, en la novena semana ya es posible hablar de un feto morfológica y genitalmente masculino,[31] puesto que, junto con

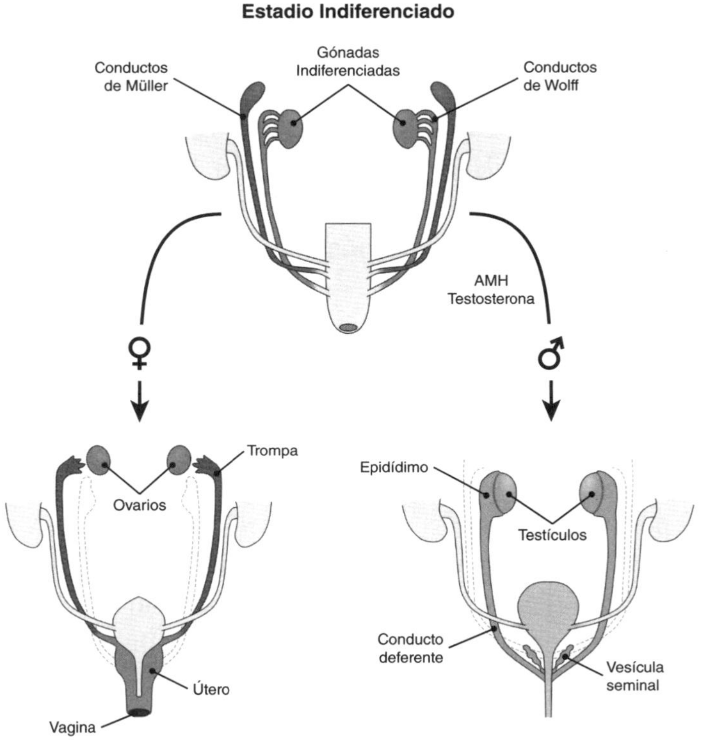

las vesículas seminales y la próstata, externamente ya es perceptible el crecimiento fálico, con su correspondiente uretra fálica, y un patente adelgazamiento escrotal. Ya tenemos cuarto sexo, el «sexo genital».

De todo esto, y a la hora de la práctica diaria, se pueden extraer una serie de extrapolaciones funcionales muy interesantes.

Vaya por delante que la propuesta de envidia fálica de Freud fue descartada hace tiempo por falta de consistencia científica. La mayoría de las ideas del famoso austriaco sobre el desarrollo psicosexual han sido aparcadas por ser consideradas fruto de la influencia de factores puramente socioculturales y no resultantes de un análisis riguroso de naturaleza biológica.[32] Entre sus críticos más duros destaca la figura de Karen Horney, considerada la primera gran psicoanalista feminista, quien argumentó sus disentimientos basándose en la ausencia de bases genéticas de las afirmaciones y postulados freudianos. Actualmente, la postura de Horney es admitida por la inmensa mayoría de los especialistas, dado que se basa en la separación clara entre lo opinable (subjetivo) y lo biológico (objetivo).

Dicho de otra forma, nadie sostiene hoy día la ridícula y machista idea de que las mujeres envidiamos tener un pene.

Entonces, ¿a qué me estoy refiriendo cuando hablo de injusticia en el reparto de genitales?

Pues a algo mucho más prosaico y bastante más relacionado con la pura mecánica.

En primer lugar consideraré, permíteme la expresión, la «física de fluidos». Es evidente que, como resultado del crecimiento y protrusión del tubérculo genital en los hombres, la uretra se alarga. La consecuencia directa es que el pene posibilita poder «distanciar» los orificios de salida de excretor y reproductor de la superficie de la base abdominal. Esto constituye una enorme ventaja a la hora de la micción. Los hombres pueden direccionar su orina, lo que les permite realizar esa función en cualquier posición. Nosotras, por el contrario, tenemos la enorme y continuada limitación física de tener que encontrar un cuarto de baño civilizado para poder realizar la necesaria función excretora. No hay otra opción si queremos mantener la integridad higiénica de nuestras extremidades inferiores, puesto que no nos queda más remedio que adoptar una posición sedente o en cuclillas. Esta circunstancia nos ha supuesto, desde siempre, una incomodísima limitación.

En segundo lugar, está la pura ubicación física de nuestros orificios aborales (léase los orificios situados en el extremo opuesto al oral). En los hombres, tanto el aparato reproductor como el

ESTADIO FETAL TEMPRANO

Los precursores embrionarios de los órganos genitales son idénticos en mujeres y hombres.

1 y 2 Tubérculo genital
3 Pliegue genital/uretral
4 Surco uretral
5 Refuerzo lateral
6 Tumefacción labio-escrotal
7 Tubérculo anal
8 Orificio anal
9 Coxis

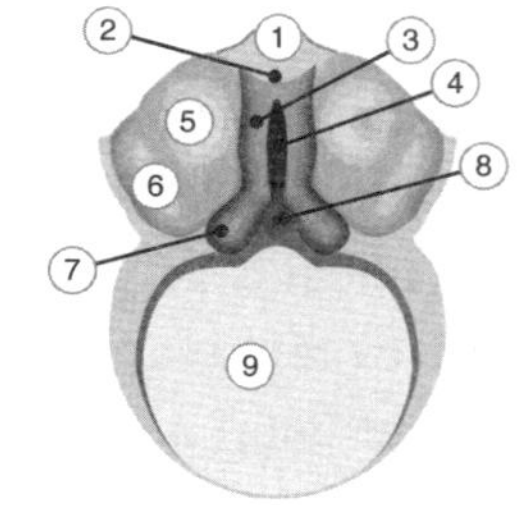

ESTADIO FETAL CORRESPONDIENTE A 10 SEMANAS DE GESTACIÓN

(a la izquierda, el desarrollo genital masculino. A la derecha, el femenino).

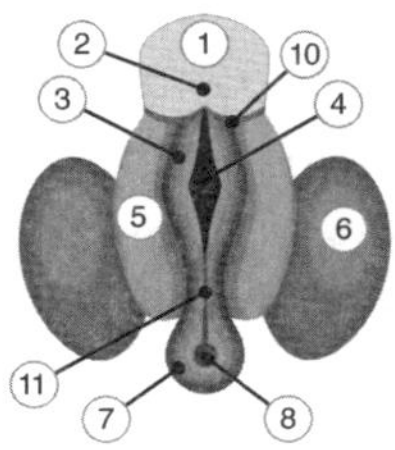

5 El tubérculo lateral se convierte en el eje del pene/clítoris
6 La tumefacción labio-escrotal se convierte en el escroto/los labios mayores
10 Surco coronal (origen del futuro prepucio)
11 Rafe

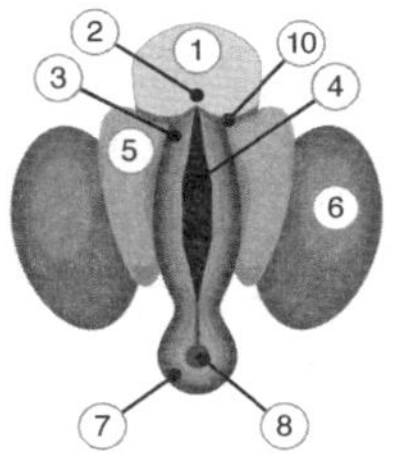

ESTADIO FETAL TERMINAL/NACIMIENTO

(a la izquierda, el desarrollo genital masculino. A la derecha, el femenino).

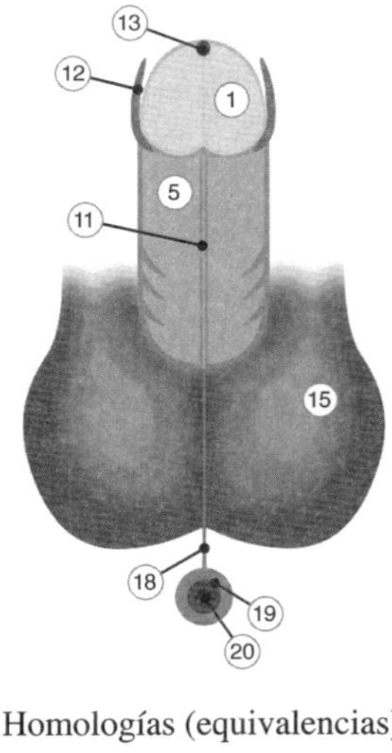

12 Prepucio
13 Orificio uretral externo
14 Labios menores (internos)
15 Labios mayores (externos)
16 Orificio vaginal
17 Comisura labial posterior
18 Rafe perineal
19 Tejidos perianales incluyendo la musculatura del esfínter anal externo
20 Ano
21 Himen

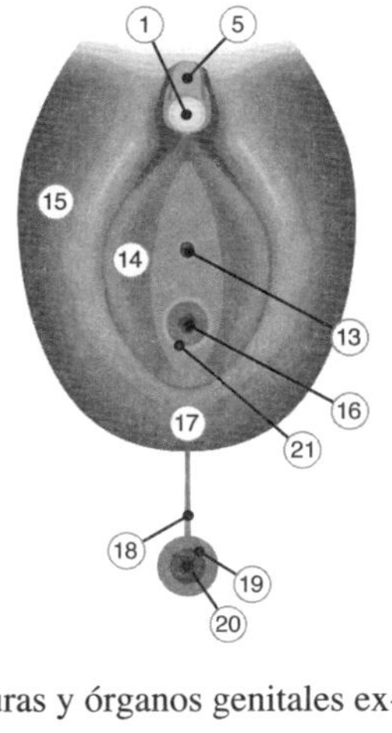

Homologías (equivalencias) en la anatomía de las estructuras y órganos genitales externos entre mujeres y hombres.

excretor desembocan, a través de la uretra, en el extremo terminal del pene, muy «lejos» del orificio más contaminante de nuestro cuerpo: el ano. Ello significa que es muy difícil que contenidos fecales alcancen la salida de los aparatos excretor y/o reproductor. Por el contrario, las mujeres tenemos uretra, vagina y ano en un continuo lineal a lo largo de casi el mismo plano físico. Eso significa que es relativamente fácil que materiales característicos del «ambiente» anal accedan a los otros orificios. Y lo que es peor, también pueden hacerlo las bacterias que suelen acompañarlo. De hecho, la frecuencia de infecciones urinarias es mucho mayor en mujeres que en hombres, en especial si se trata de mujeres jóvenes.[33] Además, el hecho de que el aparato reproductor tenga una vía de salida independiente a través de la vagina implica «otra puerta más a custodiar» puesto que, desde un punto de vista microbiológico, cualquier orificio anatómico es un potencial foco de vulnerabilidad frente a la colonización por parte de patógenos.

Lo mires por donde lo mires, el diseño «peneano» es muy rentable desde la perspectiva higiénico-sanitaria. Nosotras pagamos un caro tributo frente a esta diferencia en forma de cistitis y vaginitis, cuando no en algo peor.

Una injusticia total.

4
La revolución de las hormonas

El sexo y la raza, por ser diferencias fáciles y visibles, han sido las principales formas de organizar a los seres humanos en grupos superiores e inferiores.

GLORIA STEINEM, discurso
«Dirección a las mujeres de América», 1971

De todos es sabido que la morfología de los genitales externos es claramente diferente en niñas y niños. Sin embargo, y a efectos prácticos, en la infancia humana apenas se establecen patrones fisiológicos y/o etológicos diferenciados entre los sexos. De hecho, en las sociedades occidentales escasamente trascienden protocolos de tratamiento desigual entre menores y para con menores (obviaremos en este libro, por supuesto, todo lo referido a medidas políticas y educacionales en ambos sentidos, tanto integradoras como discriminantes).

Pero la biología sexual sufre una auténtica revolución con la llegada de la pubertad.[1] Morfología, fisiología y etología experimentan un cambio tan intenso que excede al propio ámbito de lo puramente biológico. Por ello, y de entrada, hay que empezar por acotar los campos semánticos.

Con el término «pubertad» se hace referencia al conjunto de cambios físicos y fisiológicos que los cuerpos de los seres humanos experimentan al adquirir su quinto nivel sexual, al que, tras los cromosómico, gonadal, ductal y genital, podríamos denominar «sexo reproductivo». Es este el más trascendente de todos porque no solo consiste en la adquisición de los caracteres sexuales secundarios. Con la pubertad se logra la capacidad de producir y madurar gametos y, por lo tanto, de llevar a cabo uno de los dos instintos básicos (junto con el de supervivencia) de todas las especies animales: el instinto de reproducción.[2]

Dicho de otra manera, nuestros retoños dejan de ser retoños y, aunque socialmente nos parezca una temeridad (y psicológicamente, una locura), biológicamente están preparados para tener sus propios hijos.

Pues bien, a partir de este momento ya nada será igual. Las diferencias marcarán por completo la biología de los sexos, y eso tendrá repercusiones irreversibles a todos los niveles.

La discriminación de los caracteres sexuales secundarios

No desglosaré aquí el conjunto de caracteres sexuales secundarios que despliegan ambos morfotipos humanos porque está disponible en cualquier página mínimamente rigurosa de internet,[3] además de ser de los pocos conocimientos de nuestra biología que domina casi todo el mundo. Tan solo apuntaré que las transformaciones puberales que van del niño al adulto se clasifican en cinco etapas sucesivas según la escala de Tanner, aceptada en todo el mundo, para los sexos femenino y masculino.[4] Lo importante es resaltar que, si bien antes de la pubertad la morfología (exceptuando la estrictamente genital) era muy similar en los morfotipos mujer y hombre, una vez que aparecen las configuraciones adultas se acabó la equiparación anatómica. Las mayores altura, masa muscular y fuerza física, por promedio y estadísticamente, pasan a ser patrimonio del hombre.

Eso, y volviendo al título de este libro, es radicalmente *discriminatorio* para las mujeres. Se puede analizar con detalle el término empleado para justificar la validez de su utilización porque, aunque en apariencia sea un juicio de valor, no lo es desde el momento en que tiene lecturas del todo defendibles dentro del campo de lo estrictamente biológico.

Empezaré por referirme al tórax y a los hombros. La adquisición de la madurez sexual otorga a los hombres una mayor anchura de estas estructuras, lo que se traduce en una inmediata mayor capacidad pulmonar. Esto repercute, de modo directo, en un superior potencial de intercambio de gases en sus alveolos durante la respiración. De hecho, y de una simple «tacada», pueden eliminar un mayor número de moléculas de CO_2 y capturar uno superior de las correspondientes de oxígeno. Esto no es un asunto baladí. Los animales somos organismos aeróbicos y, por lo tanto, el oxígeno es el «reactivo» que va a permitir «quemar» el combustible biológico (la glucosa) en todas y cada una de nuestras células. Dicho de otra forma, los hombres tienen favorecido el proceso de obtener ATP, la molécula energética de la vida, gracias a la glucolisis (que oxida la glucosa a piruvato) y al ciclo de Krebs (que oxida el piruvato hasta el CO_2 que exhalamos en la espiración).[5] A través de estas vías, y en colaboración con la cadena transportadora de electrones, se puede obtener un rendimiento neto de hasta 30 moles[6] de ATP a partir de 1 mol de glucosa. Si hay más biomasa muscular, hay más células musculares, esto es, más «calderas» quemando para producir energía (porque también les llega el suficiente oxígeno para ello). Si unimos este dato a la mayor envergadura que adquiere también el esqueleto masculino (además de la masa muscular) durante el desarrollo puberal, el resultado es obvio: los hombres son más fuertes y más resistentes que las mujeres. En términos de competencia biológica, tienen más posibilidades de sobrevivir o salir mejor parados ante procesos físicos de ataque o defensa.

Por otra parte, y también estadísticamente, son más altos. Este dato es muy importante para una especie bípeda como la nuestra y con los receptores sensoriales (ojos) dispuestos en la cabeza (el extremo superior de nuestro cuerpo). En contextos naturales supone, directamente, una mayor capacidad de visibilidad del entorno y, en consecuencia, de detección tanto de peligros como de presas potenciales. Sea para evitar ser comido o para comer, el resultado es el mismo: mayor posibilidad de supervivencia personal para los hombres.

El vello facial, la voz o su mayor relación cintura/cadera, en principio, no discrimina mucho al morfotipo mujer. Lo mismo se podría decir del mayor tamaño de nariz y pies, aunque un caso diferente es el de las manos. En contextos naturales, aunque las manos pequeñas constituyen una ventaja en lo que respecta a tareas que requieren una psicomotricidad fina, las manos grandes posibilitan el manejo de recursos naturales con mayor solvencia, firmeza y suficiencia. Es evidente que, en nuestros contextos temporales y culturales, hemos superado la etapa de estar descuartizando mamuts o acarreando piedras para construir refugios sólidos, pero, salvando las distancias, nada ha cambiado en nuestra actualidad cultural. Casi todo lo que utilizamos y casi todo aquello de lo que nos rodeamos está diseñado para manos masculinas. Voy a recurrir a un ejemplo banal pero muy ilustrativo por lo frecuente y cotidiano: el sencillo acto de abrir un bote de cualquier cosa. Me vas a permitir la frivolidad, pero los cierres de botes, frascos, botellas, latas..., todos están pensados para manos grandes y fuertes. Aquí, la discriminación no es solo atribuible al dimorfismo sexual de nuestra especie, que lo es, sino también a todo el gremio de industriales y fabricantes que nos llevan torturando desde los inicios de la Revolución industrial con roscas imposibles de girar para la gran mayoría de las mujeres. En principio, es evidente que el mundo de la industria era casi exclusivamente masculino. Sin embargo, ahora que empieza a limarse la desequilibrada representación de sexos en la ingeniería industrial, sigue existiendo una injustificada inercia que, a modo de incómoda herencia, padecemos con estoicismo las féminas. Por cierto, esta circunstancia no solo es injusta, es torpe. Está discriminándose a la mitad de los potenciales consumidores de los productos. Regalo generosamente desde aquí la idea de hacer cierres no excluyentes a las empresas implicadas. Les aseguro que se van a reforzar de manera sustancial sus facturaciones (y espero que tengan algún detalle conmigo cuando esto ocurra).

Es evidente que la separación de los individuos en dos sexos sometidos a diferentes presiones ambientales, como se comentó en la introducción de este libro, es una ventaja manifiesta para la especie. Pero, y aunque exista unanimidad en la consideración de dicha circunstancia como ventajosa, ¿no pagamos el tributo evolutivo de tener esta capacidad *solamente* una parte de la especie, en concreto la *mitad* de la especie, y por si no lo he precisado lo suficiente, *las mujeres?*

Dejo la pregunta retórica en el aire, junto con mi alegato a favor de unos *abrefáciles* que no sean *abredifíciles* (cuando no, *abreimposibles)* para el sexo femenino y mi agradecimiento por la oportunidad de poder exponer una reivindicación que llevo toda la vida con ganas de manifestar.

Pero volvamos al terreno de lo objetivable, a los caracteres sexuales secundarios, y centrémonos en uno de los caracteres sexuales dimórficos más llamativos de todos: las mamas femeninas.

La llegada de la pubertad desencadena muchos aspectos de nuestra hipófisis. Entre ellos, la secreción de hormonas luteinizante (LH) y folículo-estimulante (FSH). Estas hormonas actúan sobre los ovarios induciéndoles, a su vez, la secreción de estrógenos que, entre otras cosas, actuarán sobre las mamas. En estas estructuras indiferenciadas y prácticamente inalteradas desde la semana cuarenta de nuestro desarrollo fetal, la llegada de los estrógenos revolucionará el área torácica situada bajo la piel y sobre los músculos pectorales mayores alterando la organización de la grasa subcutánea, el tejido mamario (tanto su parénquima como su estroma), el tejido conectivo y la propia piel. El resultado es que, en un breve espacio de tiempo, la superficie plana de nuestro tórax se vea ornamentada, a ambos lados del esternón, con dos semiesferas que protruyen entre las segundas y las sextas o séptimas costillas. La concentración de glándulas secretoras de leche, conductos galactóforos y tejido graso configurará las recién estrenadas mamas. Esto, en principio, no tiene mayor trascendencia para una especie de homínido como nosotros. De hecho, en muchas hembras de primates y otros órdenes de mamíferos (como los proboscídeos o los sirénidos), tienen una ubicación similar (a diferencia de otras especies de mamíferos, como comentaré más adelante). Sin embargo, hay una notable diferencia entre nosotras y las elefantas o las manatíes: nosotras somos bípedas. Esto significa que unas estructuras anatómicamente muy blandas y delicadas las tenemos completamente sobreexpuestas en una de las posiciones más visibles y vulnerables de nuestro cuerpo. Esta circunstancia ha supuesto, en primer lugar y desde siempre, un motivo de incomodidad evidente para las mujeres desde el momento en que interfiere en la movilidad del segmento anterior de nuestro cuerpo. A ello se le une el hecho de ser órganos externos carentes de un sistema autónomo de sostén, ni de tipo óseo ni tan siquiera cartilaginoso. Tan solo la piel que las envuelve está fijada a la clavícula a través de un tejido conjuntivo especialmente fibroso, muy rico en colágeno, que constituye los llamados ligamentos suspensorios de Cooper.[7] Por esta razón no resulta muy aventurado suponer que las mujeres hayan buscado desde siempre un sistema de recogida de estas estructuras blandas que permitiese mantener los pechos sujetos durante sus actividades y movimientos no relacionados con el amamantado de las crías. Por desgracia, no es fácil trabajar científicamente con esta hipótesis debido a la ausencia de restos de ropajes en los yacimientos de poblaciones humanas primigenias (dada su naturaleza biodegradable). Las pinturas rupestres tampoco aportan información relevante en este aspecto. La mayoría de las representaciones de figuras humanas están realizadas en estilos muy sencillos, estilizados e idealizados, que no permiten un alto grado de detalle. Las manifestaciones artísticas más realísticas y naturalísticas, como las encontradas en las cuevas de Altamira, se centran en motivos animales y carecen de representaciones de personas.

No obstante, y si bien resulta hasta el momento imposible estimar con un mínimo de rigor científico la «edad» real que puede tener el sujetador, sí que está clara su presencia en las culturas de la antigüedad. Asumiendo que es muy probable que esta circunstancia fuese mucho más anterior, en manifestaciones artísticas de culturas del mundo antiguo queda patente el uso de bandas para sujetar el pecho. De hecho, en un mosaico encontrado en una villa romana de la siciliana Piazza Armerina (el llamado «mosaico de los bikinis»), se aprecia perfectamente cómo las gimnastas se entrenan con bandas pectorales que les recogen las mamas durante sus prácticas deportivas.

En cualquier caso, está claro que las mamas constituyen un elemento que interfiere en el movimiento, que resta libertad y que hace más vulnerables a las mujeres que a los hombres en el ejercicio de las actividades físicas.

Por otra parte, las mamas son un reclamo sexual en la especie humana. El hecho de su disposición alejada de la zona genital nos hace tener «dos focos» extra de atención sexual en contraposición al único (el genital) de los hombres. Las mujeres estamos, pues, visualmente más sexualizadas que los hombres (para bien o para mal, que el uso y aplicación de esta circunstancia es casi infinito).

Al respecto, es interesante resaltar que en bastantes sociedades humanas tribales es muy habitual que los pechos se vinculen exclusivamente con la lactancia, por lo que su consideración de atractivo sexual debe tener connotaciones claramente culturales. Además, las mamas no suelen despertar interés sexual en otras especies no humanas. De hecho, no solo su etología, sino su fisiología y hasta su propia morfología son muy diferentes.

Quizá convenga, como siempre que se trata de comprender bien un fenómeno de tipo biológico, hacer un repaso evolutivo para entender por qué tenemos mamas las mujeres.

¿Por qué tenemos mamas?

La lactancia supuso una auténtica revolución en las estrategias de supervivencia de las especies animales.

Ya sean monotremas (como los ornitorrincos), marsupiales (como los canguros) o euterios (como la mayoría), los mamíferos (mejor dicho, las mamíferas) tenemos la capacidad de alimentar a nuestras crías de forma autónoma.[8] Esto, dicho así y «de corrillo», parece algo poco trascendente, pero se trata de una de las grandes revoluciones acaecidas en la historia evolutiva de los animales. Hay que pensar que estamos ante una estrategia fisiológica que permite la supervivencia nutricional de los individuos en las primeras etapas de vida, esto es, en sus momentos de máxima vulnerabilidad. El tener aseguradas no solamente la existencia continuada de alimento, sino también su accesibilidad independientemente de la naturaleza de las condiciones ambientales, es como si al animal le tocase el gordo de la lotería. Desde la perspectiva de la subsistencia como individuo, la leche supuso la manera de que la madre garantizase a su cría el suministro de glúcidos, lípidos, prótidos y oligoelementos varios para su desarrollo. Y todo ello a cualquier hora, en cualquier lugar del planeta y fuesen cuales fuesen las condiciones meteorológicas del entorno. Una ventaja competitiva de primera magnitud.

La historia de la leche, por su parte, es de lo más sorprendente y curiosa. En realidad, este blanquecino fluido consiste en una modificación del sudor de los sinápsidos (el linaje ancestral de los mamíferos) acaecida hace aproximadamente 310 millones de años. En realidad, lo que le ocurrió a su piel es que algu-

Mosaico de los bikinis, Piazza Armerina, Sicilia, Italia.

nas glándulas de tipo apocrino,[9] concretamente las sudoríparas de su superficie ventral, se transformaron en glándulas galactóforas asociadas a la porción infundibular de los folículos pilosos.[10] Su secreción pasó de ser acuosa y poco densa a constituirse en un fluido mucho más viscoso, posiblemente para mantener los huevos húmedos (los huevos sinápsidos tienen una cáscara de pergamino más vulnerable a la deshidratación que la mineralizada de los saurópsidos).[11] Las fosfoproteínas que se incorporaron evolucionaron hacia micelas de caseína que asumieron un papel importante en el transporte de aminoácidos, calcio y fósforo. Posteriormente, aparecería lo que hoy denominamos el glóbulo de grasa de la leche, una gotita de lípidos que se convirtió en un modo primario de transferencia de energía. A ella se fueron incorporando proteínas implicadas en la inmunidad,[12] una α-lactoalbúmina[13] (que posibilitó la incorporación de nuevos azúcares a la leche como la lactosa) y una β-lactoglobulina[14] que supuso la incorporación de aminoácidos limitantes de azufre a las crías. Así se fue convirtiendo en el superalimento que es hoy día, puesto que, además de todos los nutrientes esenciales, la leche materna humana incorpora hormonas (como la leptina, que incluso puede proteger al bebé contra la obesidad),[15] reguladores genéticos (microARNs) y, por si fuera poco todo lo mencionado, microbiota bacteriana endosimbionte.[16]

Todo esto, y según las últimas investigaciones realizadas,[17] ocurrió en el linaje que acabaría generando el grupo de los mamíferos, aunque todavía estamos hablando de sus antecesores de naturaleza reptiliana. Posteriormente, y ya en las primeras formas mamíferas de finales del Triásico (hace unos 210 millones de años), la leche había suplantado a la yema del huevo como principal fuente de nutrientes para la descendencia. Por eso, y por la aparición de la placenta (de la que hablaré más adelante), no fue dramática la pérdida de los genes de vitelogenina durante el periodo Jurásico (hace aproximadamente 170 millones de años). Y esa es la razón de que los óvulos humanos se puedan permitir no tener una «yema» como los de, por ejemplo, las aves.

Es curioso comprobar que nuestra «industria láctea» mamífera tiene una base evolutiva muy antigua. De hecho, la leche existió antes que su «botella» (la mama) o que su «grifo» (el pezón). Tanto es así que, en los monotremas (el grupo más basal de mamíferos, en el que se incluyen los ornitorrincos y los equidnas), las glándulas galactóforas están diseminadas por toda la superficie ventral de las hembras y no reunidas en estructuras compactas como es, en sí misma, una mama. La cría, en realidad, no *succiona* leche sino que *lame* leche por toda la piel del vientre de la madre. Posteriormente, en marsupiales y euterios (mamíferos placentados), las glándulas galactóforas se concentraron para formar una estructura abultada y protruyente especializada en la concentración de acinos[18] secretores de leche. Por su parte, todos los conductos de dichas glándulas se reunieron para tener un punto de salida común al exterior configurando el pezón.

No me digáis que no es fascinante la historia de las mamas. Yo creo que es merecido afirmar, perfectamente, que «una teta es la leche».

En lo que respecta a su morfología externa, la mama es una estructura pareada, simétrica y paralela a la línea media en la pared ventral del tronco, de número y ubicación variable. En nuestro caso (como ocurre en todos los primates) son torácicas, aunque otros mamíferos las presentan en posición abdominal (gatos), inguinal (ovinos, bovinos y caprinos) o una combinación entre las dos últimas modalidades (cerdos y perros). En cuanto al número, la mayoría de los primates tenemos un par (al igual que cabras, ovejas, yeguas y elefantas), aunque el número puede subir a dos pares (vacas), cuatro o cinco (perras), seis (ratas) e incluso ocho en cerdas.

En cualquier caso, lo que nos interesa a nosotros es saber que esta circunstancia de transformar glándulas sudoríparas en galactóforas, así como sudor en leche, fue exclusiva de un grupo de hembras reptilianas muy particulares, las terápsidas, y no de sus *partenaires* machos. Por eso nosotras, sus descendientes mujeres, somos las que nos encargamos de alimentar a nuestras crías en una etapa en la que, al carecer de dientes, no pueden procurarse la alimentación por sí mismas.

De nuevo, somos las hembras las que nos preocupamos por la descendencia...

Reclamaciones al margen por ser nosotras las que nos responsabilicemos, una vez más, de aspectos reproductivos que benefician al conjunto de la especie, lo que es evidente es que la presencia de las mamas es un elemento diferencial en la pubertad que genera una dicotomía evidente: mientras que el cambio en los genitales externos se puede camuflar con la ropa y el vello facial de los hombres con el afeitado, el repentino crecimiento

Hembra de gorila *(Gorilla gorilla)* amamantando a su cría.

del pecho femenino nos señala, directamente, como elementos reproductores que «irrumpen en el mercado» sin opción a disimulo. Por supuesto, y adelantándome a comentarios más o menos intencionados que se puedan hacer al respecto, no es nada negativo (sino todo lo contrario) entrar en la etapa de adquisición de la madurez sexual. Lo discriminatorio es que el anuncio del hecho físico no sea voluntario, sino que vaya señalizado, y en un lugar de máxima identificación visual, en nuestra anatomía. Los hombres pueden sacar a relucir su recién adquirida condición cuando lo consideren oportuno. Nosotras, no. Nosotras la llevamos marcada, en el sentido más literal del término, en el pecho.

5
La pesadilla de la menstruación

> La menstruación es la única sangre que no nace de la violencia [...] y es la que más asco te da.
>
> EUGENIA TARZIBACHI, *Cosa de mujeres*

En el capítulo anterior te he contado lo que, *grosso modo,* nos ocurre más externamente a las mujeres cuando alcanzamos la pubertad.

En este te contaré lo que nos ocurre por dentro. Te hablaré de ese ciclo tan extraño que presenta la fisiología femenina. Ello incluye, por supuesto, tratar el fenómeno de la menstruación. Sin embargo, pasaré de puntillas por aquello que se conoce sobradamente (lo que atañe al hecho físico en sí), para centrarme en un aspecto de lo que se sabe muy poco o casi nada. Me refiero a su origen evolutivo y al análisis de las posibles razones que expliquen por qué la selección natural ha favorecido un proceso, de entrada, tan profundamente fastidioso como es la regla. Esta reflexión en particular la considero necesaria en este libro, puesto que es muy posible que aquí resida una de las mayores limitaciones físicas con la que las mujeres hemos tenido que cargar a lo largo de nuestra historia.

Aunque el avance científico de las últimas décadas haya sido realmente espectacular, contrasta saber que no está nada claro el porqué evolutivo de la menstruación. La sorprendente realidad es que sigue existiendo mucha controversia acerca del origen de este proceso fisiológico, lo que contribuye a alimentar el misterio en torno a un tema que, desde siempre, ha estado rodeado de supersticiones, supercherías y mitos.[1] El resultado de las elucubraciones en torno a esta cuestión ha originado un conjunto de manifestaciones culturales de lo más variado y plural. Desde la práctica condena al ostracismo de la mujer menstruante en algunas tribus, a la consideración de la sangre menstrual como «la esencia de la feminidad» defendida por la líder del feminismo Simone de Beauvoir[2] en su famoso libro *El segundo sexo,* existe un amplísimo rango de consideraciones sociales de algo que no es más que un carácter biológico de nuestra especie, lo mismo que tener un estómago para digerir el alimento o unos oídos para captar vibraciones transmitidas a través de un fluido y transformarlas en sonidos. La particularidad de esta condición biológica es que es molesta y dolorosa, además de que las contrariedades que genera a su poseedor recaen tan solo sobre una mitad muy concreta de la población.

En la actualidad, la necesidad de búsqueda de soluciones para las numerosas patologías ginecológicas, así como los cada vez mayores requerimientos sociales en ayudas a la reproducción asistida o los intereses sociales existentes en torno a los estudios de género, hacen cada vez más necesaria la profundización en las investigaciones sobre el origen evolutivo de este proceso. Esta afirmación no es gratuita. En todas las áreas del saber, el conocimiento de los orígenes de un fenómeno hace mucho más fácil abordar el entendimiento de su realidad actual. Además, como dijo el gran genetista y biólogo evolutivo Dobzhansky: «Nada tiene sentido en biología si no es a la luz de la evolución».[3]

¿Qué es, exactamente, la menstruación?

Cada veintiocho días, aproximadamente, las mujeres ovulamos, esto es, liberamos un gameto hacia las trompas de Falopio. Nuestra ovulación no depende de fenómenos externos, por lo que se denomina ovulación espontánea (frente a la ovulación inducida que, como veremos más adelante, tienen las hembras de otras especies de mamíferos).[4] Días antes de que esto ocurra, preparamos las paredes de nuestro útero (concretamente, su revestimiento epitelial glandular, al que se le denomina endometrio) para que se aloje en él un potencial óvulo fecundado. Para ello, el cuerpo lúteo, que no es más que el conjunto de células constituyentes del folículo ovárico una vez que ha formado y liberado el óvulo, sintetiza una hormona llamada progesterona. Pues bien, la progesterona, además de atraer a los espermatozoides como vimos en capítulos anteriores, «prepara la cama» para que el posible cigoto anide (histológicamente hablando). Para ello transforma las células estromales del endometrio en células estromales deciduales. Este cambio es muy interesante porque la decidua va a establecerse como la interfase madre/hijo, una especie de tejido de conexión y relación entre los dos seres imprescindible para alimentar al protoembrión hasta que se forme la placenta. La decidua controla rigurosamente la interacción entre la madre y el protoembrión haciendo tres cosas básicas:[5] «horadar» las paredes del útero para crear el entorno glandular y secretor de un mullido nido; inducir la formación de vasos sanguíneos que se encarguen de nutrir y oxigenar al futuro embrión, y frenar el sistema inmune de la madre. Es decir, la decidua es un tejido extrañísimo. De hecho, se comporta de una forma completamente anómala porque hace todo lo contrario de lo que haría cualquier tejido biológico, esto es, intentar aniquilar a todo lo que le es ajeno. La decidua considera un «amigo» a un cuerpo extraño, a otro ser vivo con genes diferentes, al «invasor» del embrión. Tanto es así que la decidua de la madre «frena» su propio ejército inmunitario evitando, literalmente, la aniquilación del futuro hijo. De esta forma, en la decidua, el futuro embrión encuentra a su gran aliado biológico, al colaborador eficiente y oportuno que «intercede» molecularmente por él ante el ejército inmunológico materno y lo convence para que le perdone la vida.

Asombroso. Fascinante.

Sin embargo, todo esta sofisticada (y cara) estructura se crea, la mayoría de las veces, para no ser rentabilizada, y cada mes se termina desmontando toda la instalación que tan cuidadosamente se ha preparado. Ello es así porque en la mayoría de los ciclos reproductivos no se produce la fecundación del óvulo disponible, por lo que el cuerpo lúteo regresiona y los niveles de progesterona caen.[6] Como consecuencia, se origina una reacción inflamatoria[7] que induce la descomposición del tejido endometrial. Este, que tan meticulosamente se había diferenciado para que el huevo fecundado anidase en su esponjada mucosa, termina desprendiéndose y generando el llamado fluido menstrual. El «desmontado del atrezo» es muy llamativo, porque, además de las propias células endometriales del revestimiento uterino, el líquido menstrual incluye secreciones vaginales y un volumen importante de sangre (resultante de la arteriolización en el endometrio). Acompañando a toda la aparatosa salida vaginal del material biológico desechado se une, además, la desagradable sensación que acompaña a todo proceso inflamatorio: el dolor. El «regalito» fisiológico mensual es, como vemos, de lo más completo.

La tradicional «justificación emocional» que ha acompañado al hecho de que esta circunstancia sea tan molesta para sus poseedoras, es que se trata de un pequeño precio que pagamos por la gran adquisición evolutiva que supuso la viviparidad. El poder gestar a tu hijo en el entorno más protegido posible (dentro de ti misma) compensaría con creces todas las incomodidades y malestares relacionados con la regla mensual.

Está claro que la viviparidad supone todo un éxito biológico y sus ventajas son irrefutables. Sin embargo, este argumento sería válido siempre y cuando todas las especies vivíparas placentadas tuviesen un ciclo reproductivo de este tipo y menstruaran. Sería defendible si todas las hembras de las numerosas especies de mamíferos euterios y que, al igual que las mujeres, tienen un útero que alberga tanto el periodo embrionario como el fetal de la(s) cría(s), sufriesen la periódica pérdida de decidua a través de un fenómeno menstrual.

Pues bien, esto no es así.

De hecho, son muy pocas las especies cuyas hembras menstrúan. De las cerca de cinco mil especies de mamíferos euterios existentes, solo se ha constatado una auténtica menstruación en las hembras de algunos primates (simios), de algunos murciélagos, del ratón espinoso egipcio y de la musaraña elefante.[8,9]

¡Pues vaya una extraña asociación!

Esta curiosa presencia de regla en grupos tan poco emparentados filogenéticamente hace pensar que la menstruación ha aparecido de forma convergente en diferentes linajes, es decir, se ha «inventado evolutivamente» varias veces y de forma independiente.

Entonces, ¿qué sentido tiene la menstruación en las mujeres?, ¿cuál sería, si es que lo hay, su valor adaptativo?, ¿por qué la selección natural la cribó positivamente? O dicho de manera más informal, ¿cuál es exactamente esa poderosa razón por la que las mujeres tenemos que soportar una media de 420 dolorosas, fastidiosas e incómodas reglas en nuestra vida?[10]

¿Por qué menstruamos las mujeres?

Aunque se han propuesto varias hipótesis para explicar la selección evolutiva de la menstruación (como que es una forma de eliminar potenciales agentes infecciosos introducidos por el esperma[11] o que es una forma de reducir el alto coste metabólico que supondría mantener un revestimiento uterino perennemente preparado para la implantación),[12] la realidad es que la mayoría de estas ideas han sido refutadas e invalidadas.[13,14] La hipótesis que más se defiende en estos momentos es que la menstruación no se seleccionó *per se* porque no supone una ventaja como tal. De hecho, y desde el punto de vista individual, está claro que para las mujeres nos resulta mucho más un inconveniente que una ventaja. Los argumentos son bien conocidos: la regla es un factor de limitación física importante y, en muchos casos, de morbilidad.[15] Además, y pensando en épocas más pretéritas de nuestra existencia como especie, dejar un rastro de sangre debía de ser algo muy parecido a ir soltando carnada para atraer a depredadores. Si queremos añadir un cuarto factor más de «negatividad», de nuevo conviene situarse un poco atrás en el tiempo. Tener un orificio lleno de tejido que se va desprendiendo (y que, por tanto, va muriendo celularmente) supondría una fuente de infección muy importante en un contexto biosanitario de poca o nula disponibilidad de conocimientos y medios profilácticos. La mires por donde la mires, la menstruación, además de dolorosa, es (o al menos lo fue en nuestros orígenes) bastante «peligrosa».

Sin embargo, y aunque nos resulte difícil de plantear, es posible contemplar el fenómeno desde otra perspectiva completamente diferente.

¿Qué tal si se enjuicia la menstruación no como un hecho que valorar por sí mismo? ¿Se podría considerar como una *consecuencia* de otra circunstancia que, esta sí, supusiese claras ventajas para la especie? Desde este particular punto de vista se podría contemplar el hecho de menstruar como un efecto secundario, un «daño colateral» o un «pequeño tributo que pagar» por disponer de un gran privilegio.[16]

Así lo han planteado algunos autores, que consideran el fluido menstrual como la consecuencia de la aparición novedosa de un evento altamente beneficioso. Esta valiosa innovación evolutiva, que justificaría de sobra todas sus negativas consecuencias, sería la decidualización espontánea, un mecanismo clave para brindar protección a la madre frente a las características invasivas del embrión.[17]

Este aspecto merece una pequeña explicación porque es realmente increíble.

Los embriones humanos (junto con los de las especies que nombré antes) son excepcionalmente invasivos de los tejidos maternos a la hora de su implantación en el útero.[18] Tanto es así que, en su búsqueda histológica por conseguir toda la energía posible, pueden ocasionar serios problemas en este órgano de la madre. Es tal el «egoísmo» del hijo que, en etapas fetales más avanzadas, «manipula» los tejidos maternos para debilitar su respuesta a la insulina. De esta forma, y al conseguir el feto que las células maternas consuman menos glucosa, se asegura una cantidad mayor para él. La madre, en esta conflictiva relación, se ve obligada a buscar un equilibrio fisiológico entre la integridad de su retoño y la suya propia. La solución de la madre, que no se deja inmolar pero que «vela» por la integridad de su hijo, es tender a «frenar» un avance demasiado invasivo del embrión en sus tejidos uterinos. El propósito por parte de la madre es conseguir tres objetivos: en primer lugar, garantizar su propia supervivencia. En segundo lugar, el hecho de que ella siga viva también avala la supervivencia a la larga del propio embrión, que no puede nutrirse por sí mismo. Por último, la madre asegura la integridad física de su útero y, con ello, la posibilidad de albergar posibles «hermanitos» que pudiesen venir en un futuro. Esta triple meta la consigue la madre de dos formas. La primera, con acciones puramente defensivas y, hasta cierto punto, esperables. La segunda incluye estrategias sorprendente y netamente ofensivas, lo cual en principio (y solo en principio) podría desconcertarnos un poco al alejarse del concepto idealizado y altruista que se ha asociado de forma reiterada a las hembras mamíferas. Dentro del primer grupo, es fascinante comprobar al microscopio cómo las células de la decidua unen sus membranas mediante uniones estrechas formando una auténtica barrera física.[19] Asombra ver las células que, con sus *gap-junctions,*[20] actúan como si se tratase de soldados de legiones romanas alineando coordinadamente sus escudos para impedir que se cuelen lanzas enemigas por posibles huecos. El parapeto creado es absolutamente eficaz. Infranqueable. Dentro del segundo, y rompiendo con la imagen maternal estereotipada, el sistema inmunológico materno envía auténticas células asesinas a poner coto al «pequeño pero tenaz agresor», esto es, al incipiente embrión. Este morfotipo celular (denominado científicamente *natural killers* o células NK) se encarga de destruir la parte del trofoblasto embrionario que se está «propagando» en su proceso invasivo[21] y que, de no actuar estas células, causaría daños irreversibles en el útero.

Desde este punto de vista, la menstruación sería una ventaja evolutiva a favor de los genes maternos, que intentan limitar la transferencia excesiva de recursos al feto (garantizándole un mínimo de subsistencia y progreso), y en contra de los genes fetales, que intentan extraer tanto como sea posible de la madre para asegurar su continuidad. Porque la vida, en última instancia, es ni más ni menos que eso, un eterno conflicto entre los intereses genéticos de los distintos individuos.[22] No obstante, y desde el punto de vista de la especie, esta estrategia permite mantener en perfecta forma las estructuras reproductoras de la madre, lo que hace que se posibilite la existencia potencial de un número mayor de hijos (algo que sería evolutivamente mucho más rentable).

En esta visión tan particular y biológica que estoy dando de la mujer, me atrevo a decir que la madre realmente garantiza la vida del embrión pero de una forma muy particular. Lo cuida colmándolo de mimos moleculares, citológicos e histológicos. Sin embargo, no lo «malcría», sino que es capaz de poner freno a sus excesos y mostrarle con contundencia que no todo le está permitido. Sus células NK lo que le están enseñando es, ni más ni menos, que «hasta aquí hemos llegado», que «por ahí no se pasa», que «ya está bien» y que «no te pienso consentir».

Es alucinante, pero ¿a que les suena la historia?

Visto lo visto, no es descabellado afirmar que las madres *educan* a los hijos desde su más tierna y precoz etapa embrionaria...

Pero retomemos el hilo evolutivo porque aún queda otra cuestión por aclarar. ¿Qué pasa entonces con el resto de las mamíferas que no menstrúan? ¿No les destrozan los úteros sus correspondientes embriones?

Responderé a esta pregunta empezando por aclarar que las mamíferas que no tienen ciclo menstrual presentan una variante curiosa denominada ciclo estral.[23] Estas hembras presentan un corto periodo de tiempo (el denominado celo) durante el cual la ovulación es inducida por factores externos.[24,25] De esta forma, y a diferencia de las mujeres, si no existen determinados estímulos, las hembras no ovulan. En ellas, la ovulación (llamada por ello ovulación inducida) requiere de la activación mediante estímulos ajenos a su propia biología, tales como la disponibilidad de nutrientes, el fotoperiodo, la captación de feromonas masculinas o, incluso, la propia estimulación mecánica durante el apareamiento físico.[26] Este hecho lo conocerán de sobra los lectores, en especial si han tenido perras entre sus mascotas. En estas especies, y este es el dato que más nos interesa, no solo la ovulación es un proceso inducido, sino que también lo es la decidualización. De hecho, son los embriones resultantes de la fecundación de los óvulos los que inducen la formación temprana de la decidua.[27] En otras palabras, estas especies crean la decidua solo cuando va a ser utilizada por los embriones que ya se han concebido. Si no ha habido fecundación, no la crean y, en consecuencia, no tienen que desprenderse de ella menstruando.[28]

En cualquier caso, las especies con decidualización espontánea (y, por lo tanto, con menstruación) tendrían una mayor capacidad de supervivencia y una mayor probabilidad de generar descendencia en las especies cuyos embriones exhiban una mayor invasividad placentaria.[29] Esta sería la razón principal por la cual la selección natural habría valorado como «ventajosa» la decidualización espontánea y, con ella, la menstruación. Pero se ha propuesto una segunda hipótesis explicativa de esta presunta ventaja evolutiva: la decidualización espontánea permitiría la selección del embrión por parte de la madre, puesto que las células endometriales maternas no solo actuarían ante todos sus «agresivos» embriones, sino que también generarían una respuesta ante los embriones deteriorados que no consiguen establecer conexiones con el suministro sanguíneo materno.[30]

La menstruación, pues, no se habría seleccionado *per se* como una ventaja evolutiva. La menstruación sería, desde esta visión tan particular e interesante, la *consecuencia* (negativa) inevitable de lo que sí sería una enorme ventaja para las especies con embriones invasivos: la decidualización espontánea.

Interesantes efectos colaterales

Las diferencias entre los ciclos reproductivos no solo afectan a la modalidad de decidualización, sino que a las hembras que poseen ciclo de tipo menstrual se les abre la posibilidad de desplegar comportamientos y conductas sexuales muy diferentes a las que presentan ciclo estral.

Hemos visto cómo la modalidad menstrual va de la mano de la *decidualización espontánea,* o lo que es lo mismo, la no inducida por factores ambientales. Ello ha permitido a las mujeres (y simias, en general) tener una actividad sexual no ligada a condicionantes externos como puedan ser la temperatura o el fotoperiodo. La consecuencia es muy interesante: nuestra actividad sexual no tiene por qué estar circunscrita a periodos concretos del año. A diferencia de las hembras con ciclo estral, para nuestra especie cualquiera de los 365 días es bueno (o malo) para la cópula, puesto que nuestro comportamiento no está condicionado por señales desencadenantes de apareamiento de ningún tipo.[31] Las mujeres, vivamos en el polo o en la sabana, haga frío o calor, estemos aisladas o en mitad de un gimnasio masculino rebosante de testosterona, ovulamos de la misma forma y, en consecuencia, menstruamos igual y regularmente con independencia de lo que ocurra en el exterior. Es más, dentro de un mismo ciclo ovárico, la cópula prolongada es la norma entre los primates simios, en marcado contraste con los prosimios,[32] en los que el apareamiento suele limitarse al intervalo periovulatorio.[33]

Desde este punto de vista, no todas las consecuencias de la decidualización espontánea podrían ser consideradas por nuestro pulido y cultural cerebro como negativas. Por el contrario, resulta muy de agradecer el poder controlar a voluntad nuestro comportamiento copulatorio y no vivir a merced de automatismos conductuales provocados por las hormonas masculinas que nos vayamos encontrando por el camino...

6
La problemática de los penes

Los hechos no dejan de existir solo porque sean ignorados.

ALDOUS HUXLEY, *Proper Studies*

En los capítulos anteriores hemos estado viendo cómo todas las novedades evolutivas implicadas en la mejora del rendimiento del proceso reproductor de nuestra especie han supuesto el pago de un tributo en forma de una pequeña inconveniencia en la morfología o la fisiología del aparato reproductor. También hemos comprobado cómo todas estas contribuciones han recaído de manera casi exclusiva sobre las espaldas del sexo femenino.

Pero ¿qué pasa con los hombres? ¿No les ha tocado a ellos nada en el reparto de facturas?

Dicho de otra forma, ¿el sexo ha sido solo injusto para las mujeres?

Es el momento de hablar de un proceso evolutivo relacionado con los caracteres sexuales que, realmente, se puede considerar una «faena» para los hombres. Me refiero a un fenómeno que ha afectado a una de las potencialidades más mimadas por los portadores de la condición XY: la rigidez de su pene.

Las limitaciones de los penes

En el capítulo 3 he reflexionado acerca de las ventajas que supone el hecho de tener un pene para la realización de los muy necesarios procesos relacionados con la micción. Sin embargo, no está tan claro que poseer un apéndice copulador suponga siempre una condición rentable para los hombres. Cuando la vida sonríe, el pene es un gran compañero de batalla. Ahora bien, cuando hay problemas, puede llegar a convertirse en el peor de los enemigos.

Pero ¿por qué?

Pues porque el pene humano no «sabe» disimular.

De hecho, es un completo y absoluto «chivato» que nos informa de muchos aspectos relevantes de la intimidad de su portador, posiblemente muchos más de los que a ellos les gustaría hacer públicos.

La razón estriba en una particularidad morfológica de su anatomía interna.

Me voy a centrar, por unos momentos, en explicar cómo funcionan los penes durante el proceso copulador. Así se entenderá todo mucho mejor.

El pene humano, a diferencia del de la mayoría de los mamíferos (con la excepción del de los marsupiales, las hienas, los équidos, los conejos y las liebres), carece de báculo, esto es, de un hueso que le otorgue rigidez de manera permanente. Esta estructura esquelética, que se ha descrito como «el más diverso de todos los huesos», nos ofrece un amplísimo muestrario de morfología en la clase Mammalia (lo que conocemos como el grupo de los mamíferos). Es muy curiosa la comprobación en huesos peneanos de todo tipo de anchos, de largos y de perfiles.[1] El polimorfo vástago, que por dar un dato curioso puede alcanzar en los machos de morsa la nada despreciable longitud de 65 centímetros, está ausente en el linaje de los homínidos. La consecuencia es directa y evidente: el miembro viril humano no está permanentemente *operativo,* esto es, firme y preparado para posibilitar una penetración en cualquier momento. Por el contrario, y a diferencia de la mayoría de los animales que tienen una fecundación interna, el pene humano tiene que entrar en estado de erección para hacer viable una cópula con un mínimo de eficiencia. Para que ello sea factible, son necesarios tiempo y conveniente estimulación para posibilitar que la sangre fluya a los cuerpos cavernosos de sus tejidos internos. Si se cumplen ambos requisitos se consigue suplir perfectamente la ausencia de rigidez esquelética. Simplemente se ha suplido esta modalidad de sostén por otra de tipo hidrostático (o hematostático, para ser más exactos, puesto que la rigidez se consigue por la entrada en los tejidos de sangre, y no de agua, a elevada presión).

La consecuencia de este hecho es manifiesta: los hombres, para lograr un estado erecto de su apéndice copulador, dependen de condicionantes ajenos a la propia naturaleza de la estructura copuladora. Estos factores son de tipo tanto físico como psicológico, puesto que, junto con un sistema vascular que funcione perfectamente, hace falta un estado emocional favorable.[2] De hecho, el proceso de erección está activado por la división parasimpática del sistema nervioso autónomo, que actúa provocando el aumento de los niveles de óxido nítrico[3] en las arterias trabeculares y en la musculatura lisa del pene. La consecuencia de la elevación de este potente vasodilatador en estas arterias es el llenado de sangre de los cuerpos cavernosos peneanos (y, en menor medida, del cuerpo esponjoso). Simultáneamente, los músculos isquiocavernoso y bulboesponjoso comprimen las venas de los cuerpos cavernosos restringiendo la salida y circulación de esta sangre. La sangre «encerrada» no será drenada por las venas hasta que disminuya la actividad parasimpática y se relajen estos músculos.

A la vista de toda la maquinaria fisiológica necesaria para que tenga lugar una erección, queda puesto de manifiesto que estamos ante un proceso particularmente vulnerable al fracaso en todos aquellos que, de entrada, presenten patologías relacionadas con las alteraciones de la presión sanguínea. Pero también es una realidad el hecho de que una disfunción eréctil puede actuar como un indicador directo para las parejas no solo del estado físico del hombre (la presencia de afecciones como la diabetes o un trastorno neurológico), sino también estados mentales no deseados como el estrés o la depresión.[4]

Por el contrario, esta indiscreta forma de anunciar desórdenes no ocurre en el resto de los primates. Sus machos, con pene dotado de esqueleto, no tienen que erigirlo, pues lo llevan erecto «de fábrica». Además, parece ser que el báculo, cuando es alargado, puede proteger a la uretra en cópulas prolongadas porque limita su constricción distal y, al mantenerla abierta, facilita el flujo del esperma a su través.[5]

Contemplando todas estas circunstancias, más de uno debe pensar que la ausencia del hueso peneano en los humanos ha constituido una gran pérdida en la línea evolutiva que llevó a los homínidos. Entonces, ¿por qué se perdió?

¿Por qué se perdió el hueso peneano?

Resulta evidente que tener un sistema esquelético en el apéndice copulador y, por tanto, tener garantizada físicamente la cópula, es un hecho que favorece la reproducción y, por consiguiente, propicia la eficacia biológica de la especie. También se ha confirmado que, aunque el mamífero ancestral no tenía báculo, sí que lo tenían los primeros primates emergidos hace unos 50 millones de años.[6]

Entonces, ¿por qué se ha perdido en la línea evolutiva que generó nuestra especie? Estamos, de nuevo, ante una circunstancia bastante difícil de considerar como un hecho adaptativo consecuente a la acción de la selección natural.

Para intentar arrojar algo de luz al respecto, un grupo de investigación ha realizado una propuesta bastante interesante. La hipótesis sugerida está relacionada con la idea de que el báculo podría tener un papel importante a la hora de favorecer las estrategias reproductivas en poblaciones con altos niveles de selección sexual poscopulatoria.

Explicaré este planteamiento con detenimiento.

Parece ser que la morfología genital (y, consecuentemente, la del báculo) está sujeta a la selección sexual.[7] Esto se ha confirmado con experimentos con dos grupos de ratones donde se han estudiado el tamaño del báculo a lo largo de 27 generaciones. A un grupo se le forzó la monogamia mientras que al otro no. Se ha constatado que este hueso se mantuvo más desarrollado en las poblaciones de libre cópula, lo que parece constituir una evidencia experimental del papel de la selección sexual en la evolución del báculo de los mamíferos. Los ratones en los que se forzaba la monogamia (y, por lo tanto, la presión de selección sexual estaba ausente) redujeron el tamaño del hueso peneano.

Interesante, pero ¿serían extrapolables estos datos a la evolución humana?

Para contestar a esta pregunta lo ideal es analizar qué ocurre en nuestros parientes más cercanos. Pues resulta que las especies baculadas de primates que son polígamas tienen báculos significativamente más largos que las monógamas.[8] Esto parece estar muy relacionado con el hecho de que, en las especies polígamas, existe una intensa competencia entre los machos por ver quién es el que fertiliza a la hembra. Por consiguiente, el objetivo básico es impedir que otros machos accedan a copular con ella. Por eso, el tiempo que dura el coito es mucho más prolongado (más de tres minutos de forma continuada) que en las especies monógamas. Dicho en un lenguaje que todos entendamos, es muy rentable «mantener ocupada a la hembra desde el apareamiento» para ayudar al macho a aumentar las probabilidades de que sus genes pasen a la siguiente generación y no los de sus competidores. Además, y este dato es especialmente interesante, los primates que se reproducen de manera estacional (con hembras con ciclo estro) tienen báculos significativamente más largos que los primates con ciclo menstrual.

Por otra parte, nuestros primos vivos más próximos, chimpancés y bonobos, son polígamos y, aunque pequeño, tienen hueso peneano.

¿Atamos cabos?

Pues todo apunta a que la ausencia de báculo (junto con otros caracteres como esos bigotillos sensitivos llamados vibrisas) fue resultado de la pérdida de una pequeña porción de ADN,[9] lo que se denomina una deleción cromosómica. Este hecho no habría de acarrear demasiadas consecuencias siempre y cuando el linaje de nuestra especie, hace unos dos millones de años, ya se hubiese desplazado hacia la monogamia. Por tanto, las presiones evolutivas a favor del mantenimiento del báculo ya habrían desaparecido y, por así decirlo, hacer más rápidos los coitos habría de tener poca trascendencia, puesto que los seres humanos no tendrían altos niveles de competencia sexual poscopulatoria. De hecho, el único objetivo de los varones homínidos durante la cópula se restringiría, exclusivamente, a la eyaculación.

Resulta muy llamativo pensar que el hecho de que los hombres no tengan un pene permanentemente erecto, así como su tendencia a «terminar rapidito», no serían ni más ni menos que dos consecuencias de nuestra hipotética monogamia. Hay quien consideraría este hecho una ironía del destino considerable, pero el análisis de esta reflexión escaparía de los objetivos de este libro, con lo que mejor lo dejamos estar.

De todas formas, y aunque esto es solo una hipótesis de trabajo, si *a priori* parecía que eran ellos los que perdían, la realidad es que con penes flácidos y apareamientos cortos las que perdemos, de nuevo, somos las mujeres.

¡Qué injusto es el sexo!

7
El asombro del embarazo

Ver lo que tenemos delante de las narices
requiere un esfuerzo constante.

GEORGE ORWELL,
entrevista en *Tribune,* 22 de marzo de 1946

En este capítulo es más que evidente que el sexo no ha repartido equitativamente las tareas. Ni equitativa ni injustamente. De hecho, no las ha repartido.

Han caído de pleno en el sexo femenino.

Pero ¿qué diríamos exactamente de esta circunstancia biológica?, ¿sería justa o injusta?

Lo más conveniente sería empezar haciendo una serie de reflexiones para entender en qué consiste el fenómeno del embarazo. Estas explicaciones, más que desde una óptica fisiológica, las voy a tratar de exponer desde una perspectiva evolutiva porque es este, precisamente, el enfoque necesario para comprender cómo el embarazo es una realidad viable morfológicamente.

Para empezar, y a modo de sinopsis, diré que las mujeres nos podemos quedar embarazadas gracias ni más ni menos que al huevo de los reptiles.

¿Sorprendente? Lee, lee...

¿Es biológicamente «normal» el embarazo?

Es posible que el hecho en sí del embarazo no nos llame la atención a una especie que, como la nuestra, es vivípara. Sin embargo, es un fenómeno muy curioso desde el punto de vista biológico y nada frecuente dentro de la extraordinaria diversidad reproductiva que despliega el reino animal. Es más, el embarazo es algo extrañísimo.

Hagamos un ejercicio práctico y pensemos por un instante que somos alienígenas, que no conocemos este fenómeno y que llegamos a la Tierra con afán puramente investigador. Ni que decir tiene que, a buen seguro, nos van a llamar la atención esos seres bípedos que la pueblan masivamente y que, además, parecen ser un poco más listos que el resto. De hecho, tienen hasta tecnología.

El objetivo es no interferir. Se trata, por tanto, de observar, interpretar e ir sacando conclusiones.

Analizando las fisonomías de los individuos que hemos catalogado como de sexo femenino, y gracias a nuestra visión especial que nos permite ver las morfologías internas, detectamos algo que llama nuestra atención de manera alarmante: hay algunos individuos que parecen estar parasitados internamente a nivel uterino. El parásito se desarrolla y crece a costa de los nutrientes del hospedador, tiene un metabolismo oxidativo gracias al oxígeno que toma también del organismo que lo alberga y, como única reciprocidad, parece verterle sus desechos metabólicos como si fuese un cubo de basura.

¡Qué intensidad en el proceso de parasitosis! ¡En toda la galaxia no hemos visto nada parecido!

Seguimos nuestras observaciones y comprobamos cómo todo este profundo y desigual intercambio (lo malo para el hospedador, lo bueno para el parásito) se realiza a través de un órgano sofisticadísimo que pone la sangre de uno a favor del desarrollo del otro. ¡Qué curiosa es esta estructura! Debido a su forma de torta y dado que a los humanos les encanta recurrir a lenguas muertas de su historia para denominar a sus estructuras biológicas, la llamaremos *placenta* (que en latín significa, literalmente, «torta plana»).

Nos asombra todo lo que biológicamente estamos analizando

de este fenómeno, del que parecen estar afectadas también las hembras del resto de las especies «peludas» de este planeta. De entrada, lo más llamativo no es la abusiva postura que adopta el parásito, sino la respuesta que parece desarrollar el hospedador ante esta aparentemente desfavorable circunstancia. Y es que estamos comprobando que las hembras humanas parecen estar muy contentas. De hecho, se las ve felices a pesar de que el crecimiento del parásito en su interior las va deformando hasta el punto de generarle un serio agotamiento y otros importantes problemas de salud como inflamaciones, dolores o anomalías digestivas. Especulando un poco, incluso podríamos afirmar que parecen radiantes y satisfechas no *a pesar de* su estado, sino precisamente *por* su estado. La prueba es que, con frecuencia, se las sorprende absortas en la nada y acariciándose el prominente vientre con una sonrisa cuasi extática.

Conclusión apriorística: el parásito no solo les coloniza la cavidad abdominal, sino que, además, les nubla la capacidad de raciocinio y les abduce el cerebro.

Nuestro análisis alienígena bien podría continuar con una tarea de clasificación taxonómica del parásito. Comparando un poco con el resto de las especies que pueblan el planeta, al principio se podría pensar en fases larvarias de alguno de los abundantes filos de gusanos con los que cuentan. Sin embargo, conforme van transcurriendo los días se van esbozando estructuras metamerizadas que recuerdan a la columna esquelética que mantiene erguidos a los humanos. Parece ser, pues, que el parásito es un vertebrado. Es más (podríamos seguir, con entusiasta sensación de descubrimiento exotaxonómico), muy posiblemente se trate del tipo de los que hemos registrado en sus océanos, puesto que parece tener hendiduras branquiales y cola. ¡Sí, sí, parece un elasmobranquio![1]

Pero, no, no. Conforme el desarrollo del *alien* avanza, tenemos que descartar la idea del pequeño escualo. No hay más que comprobar que, cuando se empiezan a establecer los primordios de los miembros pareados, estos no son de tipo aleta, sino que parecen patas con dedos. Es tipo tetrápodo. De hecho, parece un reptil.

¡Pobres mujeres, parasitadas por un ente lagartiforme! ¡Vaya pesadilla!

Pero no, tampoco es eso. Parece que la cola está regresionando. Ahora se parece mucho a esos humanoides que saltan de árbol en árbol asiéndose con manos y pies...

¡Dios mío, si no puede ser..., si está expulsando a ese cabezón por un conducto tan absolutamente estrecho como es la vagina! ¡Y debe de dolerle una barbaridad a tenor de los gestos y la intensidad de los gritos!

¡Qué horror y cuánta sangre!

Pobres mujeres. Suponemos que este ya será el final de su vida...

Pero... ¿qué está ocurriendo?

¡No puede ser verdad!

¡No se trata de un parásito, es una cría de *Homo sapiens!*

¡Si no lo veo, no lo creo...! ¡Es la manera «humana» de reproducirse!

Aunque es más que probable que el relato que acabas de leer te suene algo distópico, la realidad es que no lo es.

La viviparidad de los seres humanos, esto es, el que el desarrollo embrionario tenga lugar en el interior de la hembra y se continúe, además, con un estadio fetal donde la cría sigue conformándose hasta alcanzar un estado de semejanza casi absoluta con los adultos, es algo muy poco frecuente en el mundo animal. Que todo ello sea posible, además, gracias a un órgano (la placenta) formado al alimón por dos seres diferentes es realmente inaudito. De hecho, solo los mamíferos euterios se reproducen de esta forma. Estamos hablando de poco más de 5100 especies vivas de un total de más de millón y medio de animales reconocidos y nominados.[2] A ellos habría que sumarles el hecho de que se estima que hay tantísimos invertebrados sin descubrir y describir (especialmente artrópodos y nemátodos) que el total de animales que no utilizan esta modalidad reproductiva podría rondar los ¡7.700.000![3]

Dicho con otras palabras, los animales que para reproducirnos utilizamos esta estrategia que, a ojos externos, nos haría pensar en *Alien, el octavo pasajero,* apenas llegaríamos al 0,067% del total del reino animal.[4]

A la vista de los datos, nada parece indicar que es «normal» ser vivíparo placentado, si entendemos por «normal» todo aquello que es común, usual o frecuente y que sirve de norma o regla.[5] Somos, en realidad, unos organismos extrañísimos desde el punto de vista reproductivo. No solo no tenemos reproducción externa y acuática, sino que tampoco pasamos por ninguna de las 52 fases larvarias descritas[6] en el mundo animal. Como colofón, tampoco ponemos huevos. Por el contrario, somos unos bichos muy raros que parimos crías vivas y, con la salvedad entre otras cosas de ser un poco más cabezonas, muy parecidas a los adultos.

Y esto, ¿por qué?

¿De dónde ha surgido esta manera tan particular de generar descendencia?

Un curioso origen para un más curioso fenómeno

Esta extraordinaria forma de reproducirnos parece ser que apareció allá por el Mesozoico, es decir, en la era geológica de pleno apogeo de los grandes dinosaurios. De hecho, el euterio más antiguo conocido es *Juramaia sinensis,* un pequeño mamífero (posiblemente insectívoro) de no más de 15 gramos de peso que vivió hace unos 160 millones de años,[7] en pleno Jurásico.

Por esos tiempos, la reproducción de los vertebrados ya estaba muy avanzada. De hecho, nuestros antepasados reptilianos habían logrado desligarla del medio acuático gracias a la existencia de un huevo amniota, un huevo que podríamos catalogar de «prodigioso». Sí, no es una exageración utilizar semejante calificativo porque el huevo es un perfecto sistema de supervivencia embrionaria: autónomo (no necesita ni agua ni nutrientes externos), duro (gracias a la cáscara de carbonato cálcico no se deforma ni se deshidrata fuera del agua) y cuasiesférico (máximo volumen para el crecimiento del embrión encerrado en una mínima superficie de cáscara). Tan bueno es su diseño que, además de incluir una reserva de nutrientes para garantizar el desarrollo embrionario (es decir, además de presentar la nutrida y nutricia «yema»), dispone también de reservorio de agua.

Se acabó la esclavitud de tener que estar cerca de la charca, del río o del lago para poner los huevos. Los vertebrados ya podían colonizar por completo el medio terrestre.

Pero, concretamente, ¿qué tenía este huevo que no tuviese el de una rana o un sapito?

El huevo amniota supuso una auténtica revolución para el desarrollo de los embriones de los vertebrados terrestres, puesto que aportó significativas novedades morfológicas que marcarían para siempre un antes y un después en la historia evolutiva de los tetrápodos.

Intentaré explicarlo de una forma sencilla, pero de entrada hemos de considerarlo como un kit de supervivencia en términos biológicos.

Para empezar, el embrión de los reptiles disponía, de forma heredada, del saco vitelino (una membrana que envolvía a la yema que ya traían legada de los anfibios y, en última instancia, de sus antecesores pisciformes). No obstante, y además de ello, fue capaz de construir tres nuevas membranas extraembrionarias que resultaron de lo más útil: el amnios, el corion y el alantoides.[8] El amnios apareció como una gran bolsa que actuaba como aljibe, permitiendo el imprescindible suministro de agua para la realización de todas las funciones bioquímicas que las células necesitan para su funcionamiento, multiplicación y diferenciación. Fue concretamente la presencia de esta «cantimplora» lo que permitió a los tetrápodos, a finales del Paleozoico, no depender de ríos o charcas para reproducirse, puesto que el embrión tenía garantizado el suministro de recursos hídricos.[9]

El corion, por su parte, funcionaba como un pulmón extraembrionario. Hay que tener en cuenta que, en los huevos de los anfibios, el oxígeno se difundía directamente desde el agua hasta el embrión a través de su envoltura gelatinosa. Al estar en un medio seco, esta difusión ya no es posible. La gelatina es insuficiente (se seca) y hace falta una estructura especializada. Hace falta un «pulmón embrionario». El corion, al formar la húmeda membrana corionalantoidea bajo la cáscara del huevo, es capaz de captar el oxígeno que la traspasa y llevarlo hacia el embrión a través de la red de capilares que este ha ido formando por su superficie. De la misma forma y por esta misma estructura se liberaba el CO_2, que difundía hacia el exterior del huevo a través de la dura cáscara.

Solucionado el suministro de comida y agua y resueltas la captación de oxígeno y la eliminación del CO_2, quedaba el difícil problema de solucionar la excreción. No se ha formado aún el sistema excretor, pero las células del embrión generan continuamente peligrosos y nocivos restos nitrogenados como resultado del catabolismo de las proteínas. En algún lugar hay que guardar este «pis celular» para que no se autointoxique el embrión. La solución fue de lo más ingenioso: hago el pis sólido y lo guardo en una bolsa que ya tiraré cuando pueda. El alantoides, una especie de saco que conectaba con la parte posterior del intestino incipiente del embrión (el arquénteron), fue ese cubo de la basura primigenio donde almacenar los nocivos restos metabólicos en forma de cristales de ácido úrico.

El huevo amniota se transformó en el diseño óptimo para asegurar un desarrollo embrionario seguro: compartimento duro, estanco, con aljibe, con cubo de basuras, impermeable, autónomo y transpirable.

Para quitarse el sombrero.

Pero la evolución no entiende de puntos finales, ni de perfecciones ni de tendencias. La vida continúa, los agentes mutagénicos (especialmente la radiación ultravioleta procedente del sol) siguen actuando y las novedades evolutivas siguen apareciendo.

Unas (la mayoría), son letales y no prosperan.

Otras, pasan por los linajes evolutivos sin pena ni gloria.

Y algunas, pocas, raras..., generan prodigios.

Una de esas revoluciones portentosas nos tocó a nosotros.

¿A qué me estoy refiriendo cuando hablo de esta revolución? Pues a una reutilización completamente novedosa que hicieron nuestros antecesores de las membranas extraembrionarias.

En los mamíferos euterios, todo el sistema de membranas novedosas del huevo reptiliano sufre una radical remodelación que terminó posibilitando que las hembras de *Homo sapiens*, entre otras especies, pudiésemos gestar en el interior de nuestros úteros. Para ello, el corion se reinventa y hace cosas tan increíbles como emitir vellosidades que interdigitan con las que, a su vez, forma el endometrio del útero materno. Y aquí enlazamos con lo comentado en el capítulo dedicado a la menstruación, donde se expuso todo lo que ocurre cuando no tiene lugar una fecundación.

Pero ¿qué pasa en la situación contraria?, ¿qué ocurre cuando óvulo y espermatozoide se han fusionado para formar un cigoto?

En este caso el nivel de progesterona materna no desciende sino que se eleva. La consecuencia es que el endometrio no se desprende ni se elimina en forma de fluido menstrual, sino que se inflama, aumentando sustancialmente su volumen y secretando importantes cantidades de glucógeno (recordemos que el endometrio era un epitelio glandular). En este tejido inflamado, las arteriolas del estroma endotelial se desarrollan mucho entre las vellosidades del corion.

Con este escenario entramos en lo que sería la primera etapa de formación de la placenta, lo que se denomina la implantación. Aquí ni siquiera se habla todavía de embrión, sino de una bolita prodigiosa de células llamada blastocisto. De las doscientas células aproximadamente que lo constituyen, las más externas (que configuran el denominado trofoblasto) se van a encargar de proteger a las más internas, las que originarán el futuro embrión.

Lo primero que habría que decir es que el blastocisto se comporta de una forma muy «abusona» en esta etapa tan inicial. De hecho, actúa como un auténtico zapador excavando, literalmente, un túnel en la pared uterina de la madre. Allí se mete y allí anida gracias a la acción erosiva de un par de decenas de células del trofoblasto (las que forman el llamado sincitiotrofoblasto). Estas células vierten proteasas que «digieren» (y es literal) el endometrio materno. La madre (como adelantamos cuando hablamos del posible origen evolutivo de la menstruación) contrarresta con eficacia esta agresión. Lo hace molecular y celularmente, pero la «invasión»[10] no cesa hasta que el blastocisto, en su conjunto, está del todo sepultado en el endometrio. El sincitiotrofoblasto (que se llama así porque es una masa donde no existe una tabicación entre las células) se esponja formando lagunas donde las arteriolas endometriales vierten sangre «fresca». Hablamos, por lo tanto, del acceso del futuro embrión a una zona mullida y ensangrentada, a una fuente asegurada de nutrientes y de oxígeno. Dicho de otra manera, se está configurando el lugar anatómico ideal para anidar. Para favorecer que todo este sistema no se venga abajo, es importante relajar al máximo la musculatura lisa del útero (lo contrario de lo que ocurría durante la menstruación). Esa es otra de las acciones de las que se encargará la progesterona.

Este sistema inicial de nutrición del blastocisto por «inmersión» en sangre materna se empieza a estructurar de forma mucho más compleja. El corion (esa membrana que era el pulmón del huevo reptiliano) se forma a partir de este trofoblasto y se «riza» dando lugar a las vellosidades coriónicas que crecen, se ramifican y se capilarizan. Estas vellosidades interdigitan con la decidua materna y ambos tejidos, juntos e integrados en una misma estructura, forman la placenta.[11]

Entonces..., ¡la placenta es un órgano formado y compartido por dos seres vivos diferentes!

Pues sí, y en ella los capilares del prefeto «chupan» nutrientes de la sangre fresca que «chapotea» en la decidua materna y los canalizan hacia el embrión (que se está formando justo debajo). En primera instancia, esta nutrición se hace directamente por absorción, pero en estadios más avanzados del desarrollo embrionario, se canalizará a través del cordón umbilical, en cuya formación no solo intervendrá el corion, sino que también se implicarán el alantoides y el saco vitelino.

Retrocedamos en el tiempo, comparemos con el huevo reptiliano y veamos qué ha ocurrido con las otras membranas extraembrionarias.

En primer lugar, el saco vitelino sigue implicado en «dar de comer» al embrión, aunque la dieta ha sustituido la yema de huevo por nutrientes sanguíneos de la madre. Sigue siendo, pues, una estructura netamente relacionada con la alimentación, una especie de «intestino» externo. El alantoides, por su parte, continúa su labor de eliminación de desechos metabólicos pero con un gran cambio logístico. En vez de almacenar los restos nitrogenados en el cubo de basura en forma de ácido úrico, establece un servicio de eliminación de catabolitos líquidos a través de la vena umbilical, evacuándolos hacia el torrente sanguíneo materno. El alantoides sigue siendo, a su manera, un «riñón» para el embrión, pero un riñón gorrón que no depura, sino que «subcontrata» a los riñones de la madre para que hagan el trabajo. De hecho, ellos son los que realmente filtran la sangre para eliminar tanto sus catabolitos como los de su hijo, en forma de urea. El corion, a su vez, sigue implicado en la respiración, porque las vellosidades coriónicas no solo absorben nutrientes de la sangre materna sino también oxígeno. Sigue siendo, pues, un «pulmón» funcional. Saco vitelino, alantoides y corion, converniertemente reconvertidos y reciclados, han constituido la «línea de vida» del nuevo ser: se han reciclado para formar el cordón umbilical.

Ya solo nos queda el amnios, que recordemos que era la «cantimplora del huevo del reptil». Pues bien, esta membrana extraembrionaria sobrevive prácticamente igual. Sin apenas cambios físicos, el amnios se transforma en la famosísima «bolsa de las aguas», aunque ya aquí desempeña otra función. La sangre materna es, sin duda alguna, acuosa. El embrión no necesita más agua para desarrollarse de forma correcta, pero sí que le viene fenomenal que todo este delicado conjunto esté bien protegido. La bolsa de las aguas adopta esta función protectora y se transforma, precisamente, en el *airbag* del sistema (aunque sería más correcto llamarla *hidrobag).* Su misión fundamental va a ser la de mantener al embrión, y más tarde al feto, envuelto en un eficiente sistema de amortiguación que lo libre del estrés mecánico.

¿Es o no para quedarse estupefacto?

A partir de ahora, cuando veas una lagartija, dale las gracias. Huevos como los suyos nos han permitido ser lo que somos a los mamíferos.

La placenta es sorprendente, la mires por donde la mires.

Además de esta manera tan especial (única, realmente) de formarse, es una de las barreras biológicas más curiosas que existen en el mundo animal.

En principio, la barrera placentaria es totalmente selectiva en lo que a tamaño se refiere, y todo lo que es «grande» no puede pasar. Así, de entrada, eliminamos a las células sanguíneas y rompemos un tópico muy extendido, puesto que las «sangres» materna y filial en realidad nunca llegan a mezclarse. Tampoco consiguen pasar a su través otras células más pequeñas, como las bacterianas. Esta es una enorme ventaja para el feto, puesto que las bacterias que puedan acceder potencialmente a la madre no consiguen afectarlo, algo muy de agradecer cuando su sistema inmune es del todo inmaduro y poco eficiente.

Tampoco las moléculas de elevado peso molecular pueden atravesar la placenta, aunque sí que lo hacen otras más pequeñas. De entrada, lo hace el oxígeno, así como todos los nutrientes que los capilares del feto absorben de la sangre de la decidua materna. En contraprestación, y de la misma manera, le «cede» todos los residuos catabólicos y el CO_2.

Pero la placenta no es solo el órgano que va a hacer posible nutrir y oxigenar a nuestros retoños, sino que va a ser la responsable de la realización de otras funciones importantísimas.

Por una parte, se comporta como órgano endocrino al segregar hormonas que mantendrán el embarazo, como la gonadotropina coriónica humana (ßHCG). De hecho, esta molécula pasa a la madre y es, precisamente, la que se detecta en su orina en los test de embarazo convencionales. También segrega somatomamotropina coriónica humana (también llamada hCS, hPL o lactógeno placentario humano), que tiene una función muy curiosa: inducir la liberación de ácidos grasos en la madre para que el feto pueda captar con libertad la glucosa,[12] lo que asegura la nutrición del hijo incluso en casos de malnutrición materna. La historia, por desgracia, nos reporta casos de mujeres sometidas a situaciones nutricionales muy adversas (guerras, hambrunas, encarcelamientos inhumanos...) que han dado a luz criaturas perfectas mientras que las madres, literalmente, «se han quedado en los huesos». Esto, aunque sea a nivel molecular, se puede interpretar como pura inmolación por los hijos. El dicho de que las madres «nos quitamos el pan de la boca para dárselo a nuestras criaturas» empieza en una etapa muy precoz, cuando «nos quitamos la glucosa de nuestra sangre» para alimentarlos. Y todo gracias a las propiedades antiinsulina del hPL.

Por otra parte, la placenta también se va a encargar de bloquear la respuesta inmune de la madre contra el feto, que sigue creciendo como un «cuerpo extraño» (aunque nos duela reconocerlo como tal). De hecho, segrega un inmunosupresor (la glucoproteína β-1 específica del embarazo o PSBG) y lo hace desde los momentos inmediatamente posteriores a la implantación del blastocisto hasta la práctica finalización del embarazo. Este inmunosupresor accede a la sangre materna, siendo la proteína fetal más abundante en su circulación sanguínea.[13] En contraposición, algunos anticuerpos de la madre (las inmunoglobulinas) acceden al hijo, por lo que los fetos quedan inmunizados frente a aquellos antígenos para los que reciba (o haya sintetizado) anticuerpos la madre. No solo le damos protección física, alimento y oxígeno. También inmunizamos a nuestros hijos contra muchísimos microorganismos susceptibles de causarles enfermedades.

Por último, es interesante resaltar el hecho de que el pequeño tamaño molecular de la mayoría de las drogas y los medicamentos les permite atravesar la placenta y acceder al feto.[14] Esta es la razón por la cual la mayoría de ellos están completamente contraindicados en las mujeres embarazadas. Por desgracia, lo mismo ocurre con algunos virus. De todos es sabido que pueden atravesar la barrera placentaria y contagiar al feto de una madre afectada por algunos de ellos (como, por ejemplo, pasa con el virus de la inmunodeficiencia humana o VIH 1/2).

Todas estas cosas prodigiosas las hace la placenta gracias a las múltiples y complejamente imbricadas interdigitaciones que desarrolla entre el tejido materno y el fetal. Por dar un dato para el asombro, se calculan que son entre diez y catorce los metros cuadrados que abarcaría la superficie de intercambio placentario si fuese posible su estiramiento y orientación en un mismo plano.[15]

Para terminar de hablar de este órgano único, añado un dato interesante. Parte de la placenta, como ya hemos visto, la genera la madre (y será, por tanto, XX). La otra, es tejido generado por el hijo. Por consiguiente, será cromosómicamente XX o XY. Pues bien, parece ser que las perturbaciones durante el desarrollo placentario temprano pueden tener un mayor impacto en la viabilidad y el crecimiento del feto cuando este es femenino, mientras que los que tienen lugar en un momento más tardío de la gestación pueden afectar de modo preferente al feto masculino. Este dato puede ser de gran relevancia para los embarazos generados con técnicas de reproducción asistida o en complicaciones como la preeclampsia[16] o la diabetes.[17]

Tras la lectura de este capítulo, se comprueba que es el sexo femenino, en exclusiva, el que se encarga de crear las condiciones para que el desarrollo embrionario y fetal tenga lugar en perfectas condiciones. Las hembras de peces y anfibios se encargaban de generar unos óvulos con una cantidad enorme de vitelo (comida) para que la energía que requiere el desarrollo de un nuevo ser estuviese correctamente suministrada. Las hembras de reptil, por su parte, completaron el contenido de la despensa aportando suministro hídrico y garantizando el intercambio de gases para posibilitar la respiración celular y la hidratación sin depender de una fuente externa de agua. El sistema del huevo amniota se convirtió en una estructura idónea para garantizar el desarrollo completo de los embriones de vertebrados en tierra.

El sistema es idóneo, aunque no perfecto.

Los huevos, a pesar de su dura y compacta cáscara carbonatada (carbonato cálcico), son frágiles. Pueden ser pisoteados, pueden caerse o ser llevados por una correntía accidental o algo mucho más probable..., pueden convertirse en el desayuno de alguno que pase por allí con hambre.

La solución más increíble para evitar estas más que probables circunstancias fue la que la evolución brindó a los mamíferos. Si fuera posible personalizarlo y verbalizarlo, las mamíferas podrían relatarlo de una forma parecida a esta:

> Para que nada ni nadie ponga en peligro el desarrollo de mi descendencia me llevo los huevos conmigo. Además, lo dispongo en el lugar más seguro posible: en mi propio interior. Para rizar el rizo, y como dispongo de membranas extraembrionarias heredadas del huevo amniota de mis ascendientes reptilianos, «trenzo» corion, saco vitelino y alantoides en un cordón umbilical que suministre, de manera controlada y dosificada, todos los elementos necesarios para el desarrollo a la vez que retiro todos sus desechos. A partir de este momento, me puedo permitir el lujo de no tener que llenar la nevera porque la nevera soy yo. Por lo tanto, puedo vaciar la yema (el huevo de los mamíferos euterios es alecítico, esto es, sin vitelo). No obstante, no voy a vaciar el agua del amnios porque, si bien no la va a necesitar el embrión para «beber», sí que me va a servir como edredón, calentito y amortiguador, para envolver a mi criatura hasta el momento en que esté lista para nacer...

Y esta es la absoluta realidad que, sin duda, supera cualquier ficción que se pudiese haber realizado al efecto.

Pues esta realidad la realizamos las hembras de nuestra especie, al igual que las del resto de los mamíferos euterios. Los correspondientes machos de todas ellas siguen limitándose a hacer lo mismo que sus antecesores desde el precámbrico: aportar su espermatozoide.

Se me está quedando corta la palabra «injusto»...

8
La encrucijada del parto

Los caminos que han conducido a nuestra evolución son extravagantes, improbables, irrepetibles y totalmente impredecibles.

STEPHEN JAY GOULD,
«The meaning of life», *Life Magazine*

Si hay una situación en la vida en la cual las mujeres consideran que el sexo ha sido radicalmente injusto con ellas, ese es el momento del parto.

Desde luego, no faltan razones para estar de acuerdo con esta afirmación. El parto constituye uno de los trances más conflictivos y estresantes de la existencia, tanto para la criatura que nace como para la que lo hace posible, esto es, para la mujer. Se trata de un proceso biológico cruento, doloroso para la madre, enormemente arriesgado para el hijo y una de las causas más importantes de muerte tanto para las unas como para los otros. Es notorio que los riesgos han disminuido de forma decisiva en las últimas décadas. Los avances biosanitarios han supuesto una mejora más que sustancial de toda su problemática y la incorporación del uso de anestesia epidural en los protocolos hospitalarios prenatales ha supuesto un logro de la ciencia nunca suficientemente aplaudido. Pues bien, a pesar de todo ello, un 4% de las muertes registradas globalmente todavía se asocian con dificultades neonatales y maternas asociadas al parto.[1,2] Todo ello hace que cuando alguna mujer querida esté dando a luz, todos estemos en ascuas hasta poder oír el tranquilizador comentario de «Tanto la madre como el niño están perfectamente».

Pero ¿te has planteado por qué esto es así?

Propongo un experimento de fisiología comparada. Curioseemos en la programación televisiva y elijamos algunos documentales del desarrollo de la vida salvaje en la sabana africana. No tardaremos mucho en dar con alguna imagen de una hembra de mamífero pariendo. Una gacela del Serengueti, por ejemplo. Estamos en mitad de una llanura tanzana donde solo hay pastos cortos salpicados aquí y allá por acacias. No hay quirófanos esterilizados, ni ginecólogos, ni matronos, ni monitores, ni, por supuesto, anestésicos mágicos. Pues así, y sin apenas esfuerzo, cae la criatura a la hierba mientras la madre ni siquiera se recuesta a descansar. Y todo ello en un tiempo récord y con la llamativa y absoluta ausencia de los manifiestos signos de dolor que acompañan a los partos humanos. En tres minutos ha nacido la gacelita en un proceso de expulsión tan aparentemente fácil que casi indigna verlo. Parece que aquí hay que sudar poco y, empujar, aún menos.

Y eso, ¿por qué? ¿No son mamíferos igual que nosotros? ¿No les duele a las hembras mamíferas parir sus criaturas como a las mujeres? ¿O es que, como en tantas otras cosas, los humanos nos hemos complicado la vida más de lo normal?

Pues algo de verdad hay en esta afirmación, aunque la explicación no es inmediata.

Para entenderlo bien, debemos empezar por saber qué es el dolor. A partir de ahí, y en la medida de lo posible, trataré de establecer una fisiología comparada del parto.

¿Por qué sentimos dolor?

De entrada, el dolor es una de las sensaciones que más marcan al que lo padece. Incluso se afirma que no existe experiencia humana más condicionante que la de un dolor intenso. Es una sensación tan absolutamente negativa y que deja una huella tan indeleble que hace recordar para siempre la fuente que lo causó y condiciona un automático mecanismo de rechazo y alejamiento del elemento causante de por vida.

La asociación de ideas más inmediata que podríamos plantear bien podría ser «si el dolor es algo tan negativo, tan discapacitante y tan limitante, ¿cómo es que la selección natural no ha podido eliminarlo a lo largo de la evolución?». O más sencillo: ¿por qué existe el dolor, por qué se seleccionó cuando, por azar, surgió?

La respuesta es contundente: porque es necesario. De hecho, es de las sensaciones más necesarias para la supervivencia de cualquier animal. Si no hubiese aparecido el dolor, las especies de este reino habríamos durado muy poco en la historia de la vida terrestre y, por supuesto, no nos habríamos diversificado con el éxito con que lo hemos hecho. Aunque suene muy extraño, hemos triunfado, entre otras cosas y evolutivamente hablando, gracias a que nuestras estructuras anatómicas duelen.

La sensación de dolor es la manera fisiológica que tiene nuestro cuerpo de alertarnos. Se trata de un mecanismo, un tanto inespecífico pero muy efectivo, para avisar de que algo no va bien. En realidad, el dolor nos está informando o bien de que está teniendo lugar una necrosis de alguno de nuestros tejidos, o bien de que va a haberla si no tiene lugar la necesaria reacción protectora. Así es como nos informamos de que estamos sufriendo un daño, de que se están alterando nuestras constantes vitales y de que podría peligrar nuestra homeostasis.[3] En resumen, así es como preservamos nuestra integridad y, por consiguiente, nuestra vida.

Esta alerta «dolorosa» debió de surgir en estadios muy iniciales de desarrollo evolutivo del sistema nervioso, esto es, en grupos animales originados en épocas muy tempranas en la historia filogenética animal. Sin embargo, y en contra de toda lógica, sorprende comprobar cómo el antropocentrismo prima y la definición de dolor es total y absolutamente humana. De hecho, la más aceptada en la actualidad desde una perspectiva científica procede de la Asociación Internacional para el Estudio del Dolor

(IASP), y lo define como «una experiencia sensorial y emocional desagradable asociada con un daño tisular real o potencial, o descrita en términos de tales daños».[4] Como podemos comprobar, la «experiencia emocional» está absolutamente vinculada con el sentimiento consciente y subjetivo de un humano (o de especies filogenéticamente cercanas con un grado de encefalización muy similar al nuestro). Esto es un absoluto error, puesto que atajar el dolor, uno de los principales objetivos de la medicina desde sus inicios como actividad humana, debería implicar una comprensión filogenética del fenómeno doloroso. De hecho, se está considerando cada vez más necesario profundizar en los orígenes evolutivos de esta sensación para poder recabar datos que enriquezcan la investigación en el desarrollo de nuevos analgésicos.[5]

Pero, y dejando esta reivindicación zooevolutiva para otro momento, empezaré por exponer lo que se sabe del dolor...

Cuando se produce una lesión sobre un tejido determinado, sus células liberan potasio y sintetizan prostaglandinas y bradicinina. Esta última molécula es un potente vasodilatador que provoca la contracción del músculo liso y activa a las neuronas especializadas en la recepción del daño (los llamados noniceptores). Además, se eleva la permeabilidad de los vasos sanguíneos,[6] por lo que se produce esa típica inflamación y el consabido color rojizo que caracteriza a las zonas lesionadas. Este proceso tiene una fase inicial retroalimentativa, es decir, cuanto más se inflama la zona lesionada, más se estimulan nuevas liberaciones de estas moléculas y más duele: la inflamación se va incrementando y el dolor, también.

Pero el dolor es un fenómeno extraordinariamente complejo (y eso se sabe ya desde los *Tratados hipocráticos*[7] escritos entre los siglos v y iv a.C.). De entrada, y al tratarse de un conjunto de mecanismos neurofisiológicos que modulan la información del daño físico, reúne dos componentes muy distintos.[8]

Por una parte, podríamos hablar de un dolor absoluto, objetivo. Con ello haríamos referencia estrictamente a la señal física que le llega a nuestro cerebro procedente de los noniceptores que tenemos distribuidos por muchos tejidos corporales.[9] Estas terminaciones neuronales libres y arborizadas, respondiendo a estímulos mecánicos, térmicos o químicos, envían impulsos hacia la médula espinal. De ahí, la señal de dolor se transmite hasta nuestra corteza cerebral. La información que llega anuncia algo muy concreto y definido: la naturaleza del daño (quemadura, torsión, contracción, descarga eléctrica...), su duración, su intensidad y su localización espacial.

Pero el dolor no es algo tan sencillo. A este componente puramente sensorial habría que añadirle un segundo de naturaleza cognitiva. Me refiero a todos los procesos mentales (atención, interpretación, conocimiento, memoria...) que modularían la pura señal física y que modificarían nuestra percepción final de la señal dolorosa. Este dato es especialmente interesante desde el momento en que variables como los niveles intelectual, cognitivo, educacional o cultural, así como las experiencias previas, «alterarían» la información percibida del dolor, por lo que una misma circunstancia física podría ser «sentida» globalmente de forma muy distinta por diferentes individuos. Tanto es así que en contextos de enfermería se asume que dolor es «todo aquello que la persona que lo experimenta dice que lo es, existiendo siempre que diga que existe».[10]

Por lo tanto, el dolor es algo tanto físico como mental. Pero ¿cómo interactúan estos componentes en el caso del dolor del parto?

La culpa de nuestro dolor la tiene la evolución

¿Nos duele mucho el parto porque es muy doloroso o porque estamos muy condicionadas por la certeza previa de que nos va a doler? ¿Influye, más que las variables físicas, la conciencia del riesgo que corremos o al que se exponen nuestras criaturas al pasar por el comprometido canal del parto? ¿Nos está condicionando el recuerdo de alguna experiencia anterior o el conocimiento de alguna noticia negativa al respecto?

Pues bien, nos duele porque «duele».

Independientemente de todos los condicionantes o miedos, el componente físico tiene una representación preponderante, objetiva e intensísima, en el dolor de parto. Por si a alguien se le ocurre pensar que el umbral del dolor femenino es especialmente bajo o que nuestro contexto cultural ha dramatizado más de lo necesario un acto «natural»,[11] conviene recordar que el parto humano es uno de los procesos más peligrosos, arriesgados y críticos por los que tiene que pasar nuestra especie. De una forma absoluta, se considera uno de los dolores más intensos que existen en la naturaleza. Tanto es así que llegó a poner en jaque la propia supervivencia de nuestro linaje evolutivo y casi impidió que llegáramos a existir como especie.[12]

Sí, nuestra especie «se parió» con mucho dolor.

La causa es tan fácil de entender como que nuestro origen estuvo marcado por una confrontación de intereses entre dos tendencias evolutivas muy potentes. Este conflicto se remonta muy atrás en nuestro linaje y es sorprendente pensar que pudo suponer el que nunca llegáramos realmente a existir como especie. De entrada, consideremos que el dolor tiene mucho que ver con dos hitos de nuestra evolución, dos circunstancias que tenemos casi en exclusiva en el planeta.

La primera es que somos muy «listos».

La segunda es que nuestros antepasados se pusieron de pie.

Volvamos a nuestro documental del Serengueti y analicemos cualquier hembra de mamífero pariendo. Ahora te pido que observes cómo son las caderas de esa madre. Sus dimensiones son, proporcionalmente al tamaño del animal, mucho más anchas que las nuestras. Y no me estoy refiriendo a lo que llamamos, coloquialmente, «anchura de caderas» (es decir, la distancia existente entre la cadera izquierda y la derecha), sino a la anchura ventrodorsal, esto es, a la distancia desde el pubis al sacro (desde el vientre a la rabadilla). En los humanos, este segmento es sustancialmente más corto que su homólogo en el resto de las especies de mamíferos, incluidos nuestros primos chimpancés, bonobos, gorilas u orangutanes.

Y es que este estrechamiento tuvo lugar en esos antecesores homínidos que se pusieron, por primera vez, en pie.

Es una historia interesantísima relacionada con el hecho de que pasar de la cuadrupedia a la bipedestación trajo a nuestros ancestros un cúmulo extraordinario de ventajas. De entrada, la elevación en altura de la cabeza (y, con ella, de los ojos) amplió las dimensiones de su campo visual de una forma muy considerable, aumentando exponencialmente las probabilidades de detectar tanto peligrosos depredadores como potenciales presas. A la hora de valorar una novedad evolutiva, pocas cosas resultan más rentables que aumentar las expectativas de comer y disminuir las de ser comido. Pero, además, es que ponerse de pie implicó algo mucho más trascendente que otear el horizonte y poder ver por encima de los pastos: la postura erguida sobre las extremidades posteriores implicó la liberación de las superiores. De repente, los homínidos nos encontramos con dos manos, dos estructuras dotadas de dedos flexibles y articulados y, además, con un pulgar oponible que permitía realizar movimientos de pinza y manipulaciones precisas y delicadas.

¡Vaya un cambio revolucionario en nuestra relación con el entorno!

Un dedo con articulación de tipo trapeciometacarpiana, como la que presenta el pulgar, permitió el acceso a una gran amplitud de movimientos como flexión, extensión, abducción, aducción, rotación y circunducción (la carpometacarpiana que exhiben los otros cuatro dedos, tan solo procura limitados movimientos de deslizamiento).[13] De repente, se abre la posibilidad de manipular el entorno con destreza, precisión y habilidad y, con ello, el desarrollo exponencial de la cultura y la tecnología hasta llegar a lo que somos ahora.

¡Qué posibilidades más espectaculares nos ha dado el ponernos de pie! ¡Qué maravilla! ¡Qué hito evolutivo!

«El mundo es nuestro», se debió de pensar, por primera vez, en esos momentos.

Está claro que la multiplicación de la eficacia biológica que supuso esta nueva postura hizo que toda novedad evolutiva que contribuyese a estabilizar la biomecánica de la locomoción bípeda fuese seleccionada positivamente. En este lote entró la remodelación morfológica que sufrieron los huesos endocondrales,[14] que, fusionados, constituyen nuestra cintura pélvica: iliones, isquiones y pubis.[15] De hecho, los iliones (los que constituyen la mayor parte del conjunto de la cadera) se hicieron más dorsales, más planos y más amplios. Así, en vez de situarse lateralmente como en el resto de los mamíferos cuadrúpedos, se dirigieron «hacia la espalda». Por su parte, los isquiones se acortaron sustancialmente. Todo ello contribuyó a mantener más establemente todo el peso que a la cadera se le vino encima, puesto que se consiguió desplazar el centro de gravedad y, con ello, se equilibró la marcha a «dos patas» (mucho menos estable que la cuadrúpeda).

Pero hubo una segunda tendencia evolutiva que la selección natural promovió con su filtrado adaptativo: el aumento de volumen de nuestro cráneo. El incremento de la densidad neuronal de la corteza cerebral y, con él, la amplificación de las potencialidades de nuestros hemisferios cerebrales, hizo del género *Homo* los animales más totipotentes del planeta. Aunque no poseían, de entrada, ninguna gran herramienta específica que les permitiese hacer alguna acción especial, la realidad es que las tenían todas porque, simplemente, podían fabricárselas ellos mismos. Sus encéfalos las concebían y sus manos las construían. No hacía falta esperar a tener suerte y que el azar te dotase de un don morfológico especial: bastaba con manufacturarlo.

Nunca se había conocido un arma más poderosa y pluripotencial que el cerebro humano.

Es obvio que las ventajas que trajo consigo el aumento y plegamiento del telencéfalo hicieron de nuestro linaje un «no cesar» en el favorecimiento de la tendencia a que los bebés fuesen cada vez más «cabezones».

Comparemos las características de las dos tendencias evolutivas y ya tendremos el dilema servido: si favorecemos de manera simultánea el aumento del tamaño del cráneo y el estrechamiento de la pelvis llegaremos a un punto donde, inevitablemente, se producirá la contraposición de intereses. Porque las dos tendencias son antagónicas. Porque el avance de la una es incompatible con la progresión de la otra.

¿Y quién paga el pato? Por supuesto, las mujeres.

Y la explicación es evidente: la conjunción de las dos tendencias ha confluido en lo que Washburn denominó «dilema obstétrico»:[16] un complicado, estresante y difícil paso de las cabezas fetales cada vez más grandes a través de canales de parto cada vez más angostos.[17]

La consecuencia es tan obvia como problemática: el proceso de nacimiento es mucho más complejo y prolongado en los humanos que en cualquier otra especie de mamífero, incluidas las de los de los simios más estrechamente relacionadas con nosotros. Esta complejidad fisiológica consecuente al conflicto de intereses evolutivos la estamos pagando bien caro: llevamos unos dos millones de años[18] teniendo partos muy dolorosos y muy peligrosos.[19] Mientras nuestros parientes simios tienen espacio suficiente para atravesar el canal del parto holgadamente,[20] los bebés humanos pasan por una circunstancia realmente conflictiva para nacer. Las cabezas de nuestros retoños prácticamente encajan con las paredes del espacio pélvico materno. Aunque la placenta secrete relaxina[21] (que ablanda la sínfisis del pubis y otros ligamentos de la cadera por regulación de la deposición de colágeno),[22] la holgura del espacio disponible está reducida al mínimo. De hecho, si el cráneo fuese tan sólido como lo es en los adultos, la especie no habría podido sobrevivir. Por suerte, el pequeño cráneo no está fusionado aún por completo. La existencia de las fontanelas facilita su deformación al permitir el cabalgamiento de unos huesos sobre otros, favoreciendo el tortuoso paso a través del canal del parto.

Bueno, solucionado el problema del bebé. Morado, con la cabeza apepinada y diciendo algo así como: «¿Qué me acaba de pasar, con lo calentito, tranquilo y cómodo que yo estaba hace un rato?», pero consigue nacer. Pero ¿y el problema de la madre?

Pues como en tantas otras ocasiones que he ido contando a lo largo de los capítulos anteriores, pagando el tributo de la viviparidad también en esta su última etapa. Sí, somos nosotras, de nuevo, las que abonamos íntegramente el impuesto evolutivo de ser una especie erguida y «lista». Se benefician por igual nuestros retoños masculinos y femeninos, pero solo las XX somos las que sentimos el dolor lacerante del parto cuando nuestro cuerpo tiene que hacer posible lo que parece, matemática y geométricamente, imposible.

Esta nueva injusticia concomitante al sexo, por si fuera poco, tiene una doble naturaleza, esto es, son dos dolores diferentes y uno, solo y atroz, el sufrimiento verdadero.

Una primera fuente de dolor procede de la presión que la cabeza del neonato realiza sobre la musculatura del útero materno. Este aplastamiento genera un proceso isquémico (falta de oxígeno) que lesiona las células musculares lisas de la pared uterina. La consecuencia ya la conocemos: secreción de prostaglandinas

Chimpancé
(Pan troglodytes)

Lucy
(Australopithecus afarensis **de hace 3,2 millones de años)**

Humano
(Homo sapiens)

Esquema comparativo de tamaños relativos entre el canal óseo de parto y el tamaño del cráneo del neonato en tres especies de primates.

y bradicina, esto es, dolor. A su vez, la bradicina produce la contracción de la musculatura lisa del útero, lo que viene muy bien para favorecer el proceso expulsivo del retoño pero multiplica, de forma retroalimentativa, el dolor de la madre. Nuestras primas simias apenas se enteran de este dolor, puesto que la cabeza de sus «monadas», con espacio holgado para su paso, apenas si presionan las paredes del útero.

La segunda fuente de dolor se genera como consecuencia de las distensiones del peritoneo visceral y el suelo pélvico. Este dolor también está mucho más desarrollado en *Homo sapiens* que en otros mamíferos porque somos bípedos. En cuadrupedia, la gravedad presiona las vísceras contra la panza, pero, al ponernos de pie, el paquete visceral se desplazó hacia la zona pélvica y fue en esta zona donde se produjo el refuerzo muscular. Por tanto, hay mucho más tejido presionado y la liberación de moléculas responsables del dolor se multiplica.

Consecuentemente, y a modo de resumen, en el parto de *Homo sapiens* la desproporción pélvico-fetal produce un encajamiento casi absoluto, una presión de paso máxima y, por ende, un dolor enorme. A esto se le puede añadir toda la subjetividad que uno quiera, pero las medidas craneanas y pélvicas son datos biométricos, esto es, datos objetivos. Aunque nuestro avance cultural haya inventado la anestesia epidural y aunque haya desarrollado la práctica de cesáreas en los casos de literal inviabilidad física, está más que justificada la absoluta envidia con la que contemplamos a nuestras «primas peludas» alumbrando a sus *monerías* de criaturas.

9
La lactancia y otras atenciones

El día que una mujer pueda no amar desde su debilidad sino desde su fortaleza, no escapar de sí misma sino encontrarse, no humillarse sino afirmarse, ese día el amor será para ella, como para el hombre, fuente de vida y no un peligro mortal.

SIMONE DE BEAUVOIR, *El segundo sexo*

Posiblemente existan pocas imágenes más tiernas que la de un bebé cuidado por sus padres. Tan pequeño, tan desvalido, tan absolutamente indefenso... Su vida depende total y absolutamente de nuestra atención.

Pero ¿qué te parece si te digo que este fenómeno es algo completamente extraño y excepcional en la naturaleza?

Aunque nuestra visión antropocéntrica de la realidad nos haga difícil concebir como «raro» lo que es nuestra completa «naturalidad», el hecho es que la mayoría de las especies «traen sus criaturas al mundo» sin preocuparse lo más mínimo de lo que les ocurrirá después. Se diría que su obligación biológica termina con el propio hecho de procurar la generación de descendientes. La supervivencia de estas generaciones filiales o su mayor o menor calidad de vida parece no ser competencia de unos individuos para los que, por lo visto, su realidad no incluye nada relacionado con las consecuencias de ser «papá» o «mamá».

Mirando la extraordinaria diversidad animal, podemos comprobar que los cuidados parentales no se presentan ni siquiera en el 0,01% de las especies existentes.

¿De dónde salen, pues, estas prácticas etológicas? ¿Dónde está el origen evolutivo de estos comportamientos? ¿Y por qué su ejercicio, en el caso de los mamíferos, recae netamente sobre las hembras cuando otros grupos, como las aves, reparten esta tarea entre los dos sexos?

Los mamíferos disponemos de las dos mayores adaptaciones conocidas para asegurarnos la supervivencia de nuestra descendencia.

De la primera ya hemos hablado en el capítulo del embarazo y nos hemos asombrado con esa forma tan fascinante y única de proteger el desarrollo de tu cría: ser tú misma y tu propio cuerpo lo que garantice su integridad física, su seguridad y su aporte energético. Pero a las mamíferas no nos basta con esto. No solo cuidamos de nuestros retoños durante sus desarrollos embrionario y fetal, sino que prolongamos su protección durante un periodo posnatal. Con nuestros hijos, además, garantizamos su suministro energético, de forma continua y segura, mientras son bebés. Y lo hacemos a través de ese segundo prodigio que es la lactancia materna.

Homo sapiens es una especie bastante curiosa en muchos aspectos y en lo que se refiere a las particularidades de su etapa neonatal no podía ser menos. También es excepcional.

De entrada, nuestra especie, junto con sus primos simios, pertenece a una línea evolutiva que se ha decantado por una estrategia reproductiva donde se ha apostado más por la «calidad» que por la «cantidad». Los homínidos han tomado el camino de reducir el número de crías, cuidarlas con esmero y conseguir así que aumenten considerablemente sus posibilidades de supervivencia. Esta tendencia ha llevado a la disminución en la producción del número de óvulos al máximo, siendo lo habitual generar solo uno por ciclo (de hecho, el porcentaje de mellizos/gemelos bivitelinos es bajísimo en nuestra especie). Nos limitamos a «generar» un descendiente por proceso reproductivo y, en el caso de gran fecundidad, podríamos tener uno por año.

Un segundo aspecto importante en esta apuesta evolutiva por «la calidad» es lo que se denomina «inversión parental».[1,2] Con este concepto se hace referencia a la dedicación en tiempo y esfuerzo que los progenitores destinan a beneficiar a la descendencia en términos de eficacia biológica, esto es, buscando el aumento de las oportunidades de supervivencia y reproducción de sus hijos. No solo se da en vertebrados (de todos es conocido cómo las aves o los mamíferos cuidan de sus crías hasta que estas se pueden valer por sí mismas), sino que también es algo habitual en el mundo de los insectos holometábolos y hemimetábolos, es decir, los que pasan por fases larvarias o ninfoides.[3]

No obstante, la especie humana, aunque tiene un periodo de gestación muy en promedio con el grupo de primates al que pertenece, presenta un periodo de dependencia maternal tras al nacimiento llamativamente superior a ellos.[4] De hecho, la inversión parental de la especie humana es la mayor de todo el reino animal.

Durante una importante etapa posnatal, alimentamos a las crías de manera segura y continua gracias a la lactancia materna. Y, de nuevo, este trabajo tan absolutamente crucial en el desarrollo y supervivencia de la prole, es una cuestión netamente femenina. Otra vez, la condición sexual nos ha convertido en absolutas depositarias de la mayor parte de la asignación productiva[5] (proporción del presupuesto energético asignado a la reproducción) de la que se beneficia la especie en su conjunto, indiferentemente de su sexo. La especie gana en su conjunto, pero solo las mujeres pagamos.

Esto hace que, de nuevo, surja la misma y recurrente reflexión: ¿qué beneficios consigue la especie humana para que el enorme sacrificio de su población femenina haya sido seleccionado positivamente? ¿Son tan grandes como para compensar esa inversión en tiempo y recursos de las mujeres, ni más ni menos que la mitad de sus individuos?

Para responder a esta pregunta te invito a que miremos objetivamente cómo es un neonato humano. Hazlo con ojos analíticos, aunque asumo que es muy difícil inhibirse del sentimiento proteccionista y candoroso concomitante al observar a un tierno bebé con pocos minutos de vida extrauterina. Pero vamos a hacer un esfuerzo y reparemos solo en observar a esa criatura.

No existe nada más frágil y vulnerable.

Los humanos tenemos unas crías netamente altriciales, es decir, su maduración no es completa durante la etapa gestacional y requieren madurar tras el nacimiento antes de poder procurarse ellas mismas el sustento. Esto, hablando claramente, significa que «salen sin terminar». Casi no ven, no andan y no se pueden alimentar por sí mismas. O alguien cuida de ellas o su muerte está asegurada.

Si bien todos los mamíferos requieren de la leche materna para su alimentación durante sus primeras etapas de vida, la mayoría son autónomos en otras muchas funciones. Piensa en un cervatillo, un corderito o cualquier otra cría de herbívoro que, nada más nacer, se pone de pie y manifiesta una autosuficiencia considerablemente superior a la de nuestros hijos. Por el contrario, los primates nacen en un estado de desarrollo bastante más precoz, lo que les supone una dependencia mayor de sus progenitores para la realización de sus funciones vitales.

El recién nacido humano riza más aún el rizo. Aunque coincide en la mayoría de los aspectos con el patrón precoz típico de los primates, presenta un grado de altricidad muchísimo más intenso. El neonato humano no puede hacer prácticamente nada para procurarse la supervivencia de manera autónoma.

Pero ¿por qué?

Se han propuesto dos hipótesis para explicar este fenómeno, ambas interesantísimas y, muy posiblemente, no excluyentes sino compatibles.

La primera se relaciona con el dilema obstétrico del que hemos hablado en capítulos anteriores. El estrechamiento del canal pélvico concomitante a la locomoción bípeda limita el tamaño de la cabeza del recién nacido, que si quiere pasar a través del ajustadísimo canal del parto, tiene que salir al alcanzar un determinado tamaño aunque sea «sin terminar».[6] Esto, en principio, habría supuesto una gestación truncada,[7] puesto que se nace mucho antes de lo que requeriría un porcentaje de desarrollo encefálico equivalente al de los otros primates. Se ha estimado que los humanos nacemos con un cerebro al 25% de su desarrollo mientras que otros primates lo hacen con entre el 45% y el 50% del desarrollo cerebral.[8]

Esto, en principio, supondría un enorme inconveniente para nuestra especie.

Sin embargo, ¿qué ha hecho la evolución con esta aparente desventaja? Pues darle la vuelta a la tortilla y transformarla en una insospechada oportunidad evolutiva: el inconveniente de tener sin fusionar los huesos craneales al nacer (para que el cráneo se pueda deformar)[9] en realidad se ha transformado en la posibilidad de seguir desarrollando el tamaño y la complejidad del cerebro en una siguiente etapa, ya no fetal, sino posnatal.

La segunda hipótesis es la denominada hipótesis metabólica.[10] Esta viene a decir que el parto se adelanta en la especie humana no por cuestiones anatómicas, sino por otras de naturaleza fisiológica. La causa estaría relacionada con las elevadas tasas metabólicas que se generan durante el embarazo. Los tejidos muy activos, como el tejido nervioso, requieren un alto consumo energético y, si están en crecimiento, mucho más. Pues bien, el desarrollo cerebral del feto precisa de unos recursos energéticos tan elevados que condicionarían, a largo plazo, tanto la viabilidad de la vida materna como el propio desarrollo fetal. La consecuencia sería que la duración de la gestación sería factible siempre y cuando las demandas metabólicas del desarrollo fetal no superasen la capacidad de la madre para obtener los recursos energéticos necesarios para poder satisfacerlas. Esa situación se daría hasta el noveno mes de embarazo. Su prolongación supondría un esfuerzo metabólico para la madre imposible de mantener en el tiempo: es necesario que el alumbramiento de «este niño tan listo» se produzca.

Sea como fuere, la realidad es que el patrón fetal de crecimiento, desarrollo y configuración cerebral de un humano continúa tras su nacimiento durante algo más de un año. Dicho de otra manera, estamos un año, al menos, terminando de conformar una etapa que, en otros mamíferos, ocurre intrauterinamente. También se puede decir lo mismo de una tercera forma: los bebés de cero a un año no son bebés. Hay autores que los han considerado directamente como fetos extrauterinos.

Analicemos las consecuencias de este hecho.

Los primates viven más tiempo y maduran más lentamente que otros mamíferos de tamaño corporal comparable. Dentro de los primates, los simios son generalmente mayores, maduran más pausadamente y viven más tiempo que monos y prosimios. Pues bien, el retraso total del ritmo de desarrollo humano es incluso más patente. Desde este punto de vista, nuestra especie puede ser considerada como realmente extraña. Presenta un desarrollo bastante más retardado que el del resto de las especies de su grupo, y eso que los primates ya presentaban un retardo general con respecto al resto de los mamíferos.[11] Esta curiosa circunstancia fue la que llevó a Portmann,[12] un antropólogo del siglo pasado, a estimar que nuestro periodo de gestación debería ser, en realidad, de veintiún meses. Y para este autor esto es lo que ocurre en realidad. Simplemente, pasamos nuestro último y más largo periodo de vida fetal extrauterinamente. Por eso tenemos durante esos meses morfologías netamente fetales, como los carpos sin osificar, las epífisis de los huesos largos netamente cartilaginosas, las suturas craneales abiertas o, lo más llamativo, ¡no tenemos dientes!

Sea como fuere, creo que debemos dar gracias a la evolución por «meternos prisa» a los humanos a la hora de nacer. Si las mujeres hubiesen de soportar embarazos de cerca de dos años, creo sinceramente que nuestra especie se habría extinguido hace tiempo...

¿Por qué los cuidados maternales son maternales?

Contestación directa: porque las madres son las que dan de mamar.

Es el vínculo de la alimentación, y el acarreamiento de la criatura para garantizar su acceso a la fuente de alimentación, la leche, lo que ha condicionado que la mayor parte del tiempo de la vida del bebé se vincule a la presencia materna.

Esto es una obviedad, por lo que cambiaré la pregunta a otra bastante más interesante y cuya respuesta no es tan evidente: ¿por qué la leche la producen las mujeres?

Incluso podemos ser más correctos evolutivamente hablando y preguntarnos: ¿por qué las mamas de las hembras de mamífero son las que producen y segregan leche? ¿No tienen pezones también los machos?

Ya vimos en el capítulo 4 que las mamas no son más que glándulas sudoríparas modificadas en galactóforas, concentradas en dos áreas frontales de nuestro tórax y «almohadilladas» por un tejido adiposo que les confiere esa apariencia protruyente que todos conocemos. También vimos cómo los extremos terminales de los conductos glandulares se acercan entre sí para conectarse con el exterior de manera conjunta a través de esos prodigios biológicos que son los pezones.

Pero ¿no tienen los hombres también glándulas sudoríparas?, ¿y no tienen también pezones? ¿Por qué no hay glándulas galactóforas que segreguen leche?

Pues no solo porque no tienen la producción hormonal que tienen las mujeres sino porque, además, tampoco se quedan embarazados.

Esto tiene más «sustancia» (y nunca mejor dicho) de lo que parece. Me explico.

Las mamas no tienen una producción continua de leche. De hecho, tampoco las glándulas galactóforas están presentes de la misma manera antes y después del embarazo. Las mamas no manifiestan una fisiología constante a lo largo del tiempo, sino que, dadas unas circunstancias concretas, tienen que transformarse en «factorías lácteas». Y lo más llamativo: no es la madre la que «decide» esta función, al menos no de forma unilateral. Lo hace conjuntamente con su hijo, puesto que es precisamente la placenta el órgano que se va a encargar de empezar a obrar esta maravilla. Sí, la placenta no solo regula el intercambio de nutrientes y oxígeno con el hijo, actúa de barrera protectora contra los gérmenes, retira los desechos del feto o le aporta sus primeros anticuerpos defensivos. La placenta también es un órgano endocrino autónomo que, además de inducir el desarrollo del corion (a través de la ßHCG),[13] genera lactógeno placentario humano (hPL). La presencia de esta hormona en el plasma sanguíneo de la madre, detectable desde la tercera semana de embarazo, es simultánea al aumento de tamaño de sus mamas. Algo más tarde, a partir del segundo mes y de forma creciente durante toda la gestación, la placenta segrega también progesterona y estrógenos. La progesterona, a niveles altos, propicia el desarrollo de los alvéolos y lóbulos de las glándulas galactóforas, pero inhibe la producción de leche (que no se iniciará hasta que descienda su nivel tras el parto). Algo parecido hacen los estrógenos. El resultado es que la fábrica está construida y lista para ponerse en marcha.

De la segunda fase, la producción láctica, se encarga la prolactina. Esta hormona, segregada por la adenohipófisis, es la principal responsable de la estimulación de las glándulas mamarias porque es la que induce, directamente, la generación de leche en los acinos de las glándulas galactóforas.

La fábrica está produciendo. Falta solo la distribución del producto.

Aunque tengamos las glándulas galactóforas produciendo leche, es necesario transportarla hasta los «surtidores». Para eso es necesario «exprimir» los acinos y de eso, precisamente, es de lo que se encarga la oxitocina. Esta hormona, la misma que contrae el útero para producir el parto, es la que contrae la capa muscular que rodea los alveolos de las glándulas galactóforas, procurando la conducción de leche a través de los conductos reunidos en los pezones.[14]

El pistoletazo de salida de la puesta en marcha de la industria láctea es el parto. Con la expulsión de la placenta desaparece de golpe la acción inhibidora sobre los acinos, por lo que la acción conjunta de la estimulación de la prolactina y el «estrujamiento» de la oxitocina hace que fluya felizmente la leche hacia boca de la criatura.

Ya tenemos a las criaturas mamando. Momento feliz y, por cierto, bastante más interesante de lo que parece.

El hecho físico y puntual de la lactancia no es tan pasivo como aparenta. Cada vez que nuestras crías succionan los pezones, se disparan simultáneamente dos pulsos de secreciones en la madre: la de oxitocina por parte de la neurohipófisis, y la de prolactina por parte de la adenohipófisis. Esto, a su vez, estimula la producción de leche y su conducción a los pezones, cerrándose así un círculo de retroalimentación positiva: el niño, cuando le llega leche, la succiona, lo que estimula nueva producción y transporte lácteo, garantizándose así su propia y continua alimentación.[15] Este proceso de *feedback* es especialmente intenso en la primera etapa de la lactancia, de tal manera que cuanta más leche se extraiga de los senos, mayor será su producción.[16]

Por otra parte, los niveles elevados de prolactina en la sangre materna tienen un segundo efecto y se asocian tanto con los procesos de anovulación (ausencia de ovulación) como con los de amenorrea (ausencia de menstruación).[17] Es decir, el bebé, indirectamente y mediante el hecho de mamar, se encargaría también de aumentar sus posibilidades de supervivencia al asegurarse de que no llegara un hermanito antes de tiempo que le obligue a compartir el tesoro de su mamá.

Los hombres, al no formar placenta por no poder embarazarse, no estimulan el desarrollo de los acinos galactóforos y no pueden dar de mamar porque no segregan leche. No obstante, una hiperprolactinemia (producida por estrógenos, drogas[18] o por tumores hipofisarios de tipo adenomas) sí que puede generar galactorrea que haga fluir leche por los pezones masculinos.

En cualquier caso, se trata de casos estadísticamente irrelevantes. De forma natural y habitual, son las hembras de mamíferos las que se encargan de la lactancia.

Pero todavía hay más fenómenos interesantes en relación con este hecho, puesto que la lactancia no consiste solo en dar de mamar. La lactancia es mucho más y tiene efectos sorprendentes tanto para la madre como para el hijo.

Empecemos por la madre.

La secreción de oxitocina por parte de la neurohipófisis materna no solo se encarga de que la leche salga de los acinos hacia el pezón. También es responsable de algo tan interesante como el estrechamiento de los lazos afectivos con el bebé. De hecho, se ha demostrado que la oxitocina induce en el cerebro de la madre sensaciones relacionadas con el amor, la felicidad y la generosidad.[19] Para confirmar este fenómeno, y dado que no es factible experimentar con seres humanos, se han realizado pruebas experimentales en otras especies de mamíferos. Por poner un ejemplo llamativo, se ha conseguido inducir comportamientos maternales en ovejas sin crías al recibir una administración cerebroespinal de oxitocina.[20] No solo las ovejas se comportaban como madres de los que no eran sus hijos, sino que, al aumentar las dosis, se volvían «más madres» que las propias madres, multiplicando los comportamientos afectivos. Por tanto, las buenas madres no nacen, se hacen.[21] Y la oxitocina es la que se encarga de ello.

Pero la selección natural aún ha encontrado más mecanismos hormonales para asegurar los vínculos entre madre e hijo. Concretamente, la estimulación táctil que recibe la madre cuando da de mamar induce la secreción de serotonina,[22] lo que hace que se incrementen sus sensaciones de bienestar.

Esto tiene una lectura muy clara y muy interesante: las mujeres pasamos más tiempo con los bebés porque tenemos que alimentarlos, pero es que, además (y aquí está el quid de la cuestión), «nos sentimos felices» con ello. Por eso, el resto de los comportamientos encaminados a cuidar de la descendencia son realizados «voluntariamente» por las hembras, puesto que encuentran un bienestar puramente emocional que, además, es retroalimentativo: cuanto más dan de mamar, más a gusto se encuentran.

Analizando fríamente este fenómeno, las mujeres están «drogadas de felicidad» gracias a la oxitocina y a la serotonina. Estas dos hormonas son, a la postre, las responsables de esta «esclavitud» conductual voluntaria que nos hace preferir estar cuidando a nuestros hijos a cualquier otra actividad.

En este caso concreto, el sexo estará siendo injusto, sí, pero muchas mujeres podrían afirmar que «les encanta» que lo sea por haberse sentido excepcionalmente felices durante la lactancia de sus bebés.

Aquí lo dejo porque termina la parte objetivable. El aspecto pantanoso de si los hombres se sienten más o menos «obligados culturalmente» a destinar más tiempo a compartir los cuidados parentales, se lo cedo gustosamente a los psicólogos y sociólogos.

Y ahora, continuemos con el hijo, porque es aún más interesante ver cómo afectan los «mimos de mami» a sus criaturas. Se han realizado experimentos con ratas donde se ha puesto de manifiesto que los cuidados maternales actúan alterando profunda e irreversiblemente conductas esenciales de las crías. La palabra «irreversible» no está puesta de forma subjetiva ni exagerada. Aunque sorprenda leerlo, los cuidados maternales ¡alteran la expresión génica de los hijos![23] Concretamente, las señales iniciadas por los cuidados maternos alteran el patrón de metilación de su ADN. Esto se hace a través de un complejo mecanismo bioquímico (donde están implicados los receptores de glucocorticoides del hipocampo cerebral) que no interesa desarrollar aquí, pero sí que importa, y mucho, su resultado final: un gen concreto, el que regula la respuesta al estrés en todo el organismo, presenta diferencias entre las ratitas lamidas y acicaladas por la madre y las que no han pasado por estos rituales afectivos (que lo tienen inhibido por metilación). En otras palabras, mucho más fáciles de entender: la detección de amenazas potenciales o el aprendizaje de evitación y respuestas metabólicas/cardiovasculares que son esenciales en situaciones estresantes del futuro de los hijos va a estar condicionado por los cuidados parentales.[24]

Las madres, pues, actúan también como mediadoras de los efectos de la adversidad ambiental en el desarrollo neuronal de sus hijos. Por eso son tan importantes las manifestaciones de cariño en las primeras etapas de la vida de los hijos. Esta consideración no depende de ideologías, culturas, modas pedagógicas o corrientes psicológicas de pensamiento. Es biológico y objetivo: los hijos no solo heredan unos genes, sino un entorno que modula la expresión de estos genes.

Y otro dato muy importante: estas manifestaciones no tiene por qué hacerlas necesariamente la madre biológica: también las pueden realizar el padre, los padres adoptivos o cualquier persona a cuyo cargo y cuidado esté la nueva criatura que viene al mundo. Sea quien sea, a los niños no solo hay que quererlos, hay que manifestarles que se les quiere. Y aquí no hay reparto injusto de competencias. Todos podemos (y debemos) hacerlo, independientemente de nuestro sexo.

La leche es «la leche»

La leche, originalmente, no tenía la misma composición que ahora (no era leche). Como vimos en el capítulo 4, el fluido protolácteo era segregado por parches de glándulas pilosebáceas del vientre de los mamíferos monotremas y «lamido» por sus crías. La posterior transformación de este líquido lechoide en una leche compleja y rica en nutrientes permitió, por una parte, que pudiese disminuir el tamaño del huevo al no existir ya esa dependencia directa de los nutrientes acumulados en una yema grande.[25] De esta manera, las membranas extraembrionarias (especialmente la membrana del saco vitelino) pudieron «reciclarse» en los mamíferos placentados para formar el cordón umbilical.

Pero hay otro aspecto importante relacionado con la alimentación de las crías tanto intra como extrauterinamente (a través de la placenta y de las mamas, respectivamente).

Hay autores que proponen que la lactancia habría permitido el desarrollo prolongado de la mandíbula antes de la erupción de los dientes. Esa circunstancia podría haber sido la responsable del desarrollo de la compleja dentición que se observa en los mamíferos terios, donde su *anisodontia* contrasta con la *isodontia* característica de los reptiles. El resultado ha sido espectacular:

en nuestras mandíbulas coexisten incisivos cortadores y caninos desgarradores con premolares y molares trituradores.

Como curiosidad quizá te guste saber que el proceso de lactancia, esto es, el hecho de alimentar a las crías a partir de un fluido más o menos lechoso producido y procurado por las madres, no es un fenómeno aparecido únicamente en el linaje de los mamíferos. De manera convergente (es decir, ocurrido de una manera distinta, por un camino evolutivo diferente, pero con un resultado funcionalmente parecido), ha tenido lugar en otros grupos animales. Así, en las palomas (como también en otras aves como flamencos y pingüinos) se genera la llamada «leche de buche», con una secreción inducida al parecer también por la prolactina.[26] Pero quizá el caso más sorprendente sea el de la mosca tse-tse (sí, sí, la que transmite la tripanosomiasis o enfermedad del sueño). La hembra de la especie *Glossina mortisans* (que es como se llama científicamente este insecto) alimenta «intrauterinamente»[27] a sus larvas por medio de una leche producida por una glándula conectada a la cara dorsal de su modificada y musculada pseudovagina.[28]

En resumen, todos estos caminos han llevado a la misma Roma: a las criaturas las alimentamos las madres. La excepción a la regla la constituirían los cíclidos, un grupo de peces realmente curiosos. Sus células epidérmicas segregan una especie de leche-moco.[29] Aquí, tanto machos como hembras compartirían la responsabilidad de esta extraña lactancia, puesto que las larvas se alimentan de las secreciones mucosas generadas por la piel de ambos progenitores.

El origen de los besos

Hasta el momento, te he contado cómo es posible que se segregue leche y que esta, una vez producida en el epitelio de las glándulas galactóforas, se conduzca hacia el exterior, pero hay más. Si bien cuando estos dos procesos se producen de una manera acusada la leche puede fluir libremente a través de los pezones, lo normal es que su salida de la mama requiera de una segunda fuerza: la succión del bebé. Esta la consigue la cría de una manera muy ingeniosa, y es creando vacío. Si en la boca se genera un vacío, la leche tenderá a expandirse para ocupar el máximo volumen posible, puesto que se comporta como lo que es, un fluido. Así, brotará de los pezones para ocupar la cavidad bucal del lactante.

Pero ¿cómo se consigue hacer el vacío en la cámara bucal? Pues es muy sencillo: aumentando su volumen. Si recordamos la ley de Boyle-Mariotte de nuestros tiempos de estudiantes de física y química, sabremos que, en condiciones ideales y a temperatura fija, el producto de la presión por el volumen de un fluido permanece constante. Si el volumen cambia, la presión también para que el producto de los valores de las dos variables se mantenga fijo. Consecuentemente, si se aumenta el volumen de la boca, tendrá que disminuir el valor de la presión en su interior. En otras palabras, se genera una presión negativa que «aspira» la leche de los pezones procurando su entrada en la cavidad bucal. Es lo que se denomina presión de succión y es, precisamente, la que realiza el bebé. Y lo hace gracias a la depleción de la mandíbula, que hace que el espacio del vestíbulo bucal (el espacio hueco de la boca) aumente.

Obviamente, esto es posible sí y solo sí el sistema está completamente sellado, esto es, si no se posibilita la entrada de aire a la boca. Por eso es fundamental que los labios del bebé se cierren sobre el pezón de una manera hermética. De eso se encarga un músculo que rodea de manera circular la boca de los mamíferos: el músculo orbicular *(musculus orbicularis oris)*. La contracción de este músculo es lo que nos permite a todos los mamíferos el poder mamar.

Pero hay más cosas interesantes relacionadas con este músculo. Ya te he adelantado en otros momentos de este libro que, cuando aparece una novedad evolutiva ventajosa, la selección natural no solo la retiene, sino que la «explota» sacándole provecho de todas las formas posibles. Una prueba de ello es todo lo que los mamíferos hemos conseguido hacer con este músculo. Podemos conducir el aire de una forma muy concentrada y direccional, esto es, podemos soplar (algo que debió de ser trascendente en los tiempos en que encender un fuego era un trabajo complejo y difícil). Actualmente recurrimos a las cerillas o a los encendedores, pero seguimos soplando las velas de los cumpleaños, tocando los instrumentos de viento o silbando melodías. Y algo que ha sido trascendental para el ser humano y su gran desarrollo cultural: podemos modular la tipología de los sonidos que emitimos. La configuración de los diferentes fonemas se consigue combinando la acción de tres tipos de órganos: los de respiración o cavidades infraglóticas (pulmones, bronquios y tráquea), los de fonación o cavidades glóticas (laringe, cuerdas vocales y resonadores nasal, bucal y faríngeo) y los de articulación o cavidades supraglóticas. En esta última categoría se incluirían el paladar, la lengua, los dientes, la glotis y, por supuesto, los labios. Los cambios de volumen y forma de la corriente de aire procedente de los pulmones y la laringe que realizan las estructuras supraglóticas se constituyen en una pieza clave para la generación de la enorme variabilidad de sonidos que podemos emitir. Y en todo ello tiene un papel fundamental la existencia del músculo orbicular de la boca.

No obstante, quizá te parezca más interesante la última función que nos posibilita esta formación muscular elíptica que configura el grueso de nuestros labios.

El músculo orbicular nos permite hacer algo tan extraordinario como besar, ya que es el responsable del fruncir de labios característico del «morrito» del beso.

Desde este particular punto de vista, nuestra expresión afectiva más compleja y perfecta como especie social,[30] el beso, no es ni más ni menos que un «efecto colateral» de nuestra condición de mamíferos lactantes. Piensa en ello cada vez que beses y agradecerás, una vez más, el camino que cogieron nuestros antecesores terápsidos separándose de los reptiles.

Besos, querid@, y hasta el próximo capítulo.

10
El reloj inmisericorde

La naturaleza no contiene mensajes morales estructurados en términos humanos.

STEPHEN JAY GOULD, *Nonmoral Nature*

A lo largo de este libro hemos ido viendo cómo multitud de «injustas» desigualdades afectan diferencialmente a la inversión de recursos en el proceso reproductor por parte de los dos sexos y lo convierten en un fenómeno netamente descompensado entre mujeres y hombres. Hemos visto cómo este desequilibrio se manifiesta tanto en lo que se refiere a recursos moleculares, tisulares, anatómicos o fisiológicos, como en los que conciernen a los comportamientos y desgaste físico relacionados con la naturaleza vivípara y mamífera de nuestra especie.

Podría parecer que ya es suficiente con el desglose de desigualdades por razón de sexo, pero es que aún no hemos llegado a tocar un último factor, el que discrimina absolutamente a las mujeres a la hora de reproducirnos: el factor tiempo.

Sí, el tiempo discrimina sexualmente y, además, lo hace por partida doble, porque son dos los aspectos temporales que se solapan en las mujeres: la edad de ser madres y el cese del ciclo menstrual.

Se pasa el arroz

Estamos ante una expresión tan horrible como descriptiva. La necesidad de retrasar cada vez más la maternidad es un problema que no solo está repercutiendo en la fertilidad de las mujeres, sino que se está transformando en un problema demográfico para las sociedades occidentales.

El porqué de esta situación es duro de asumir: a las mujeres nos «caducan» los ovocitos.

Los gametos femeninos, los óvulos, se forman a partir de las células germinales primordiales que se originan en estado embrionario tras diferenciarse en ovogonias que, posteriormente, lo harán en ovocitos y, por último y tras la meiosis, en óvulos. En las hembras de la mayoría de los animales, este proceso es continuo a lo largo de toda su vida. Sin embargo, en algunas especies de mamíferos (como en la nuestra), la cosa es algo distinta, fastidiosamente distinta, diría yo.

En nuestra especie, la mayor parte de todo este proceso tiene lugar cuando la mujer es todavía un feto. De hecho, nacemos con todos los ovocitos ya diferenciados y sometidos a la primera fase de división meiótica. Y aquí es donde se detiene el proceso: en plena profase I, el mecanismo por el cual los ovocitos primarios van a dar lugar a los óvulos. En este momento, es como si la meiosis pulsara la tecla de *pause* y todo el proceso de división celular se quedase «dormido».

El despertar no se producirá hasta muchos años después.

Por otra parte, los ovocitos manifiestan una segunda rareza de comportamiento en relación con el resto de las células que forman parte de cualquier rincón anatómico de una mujer. Esta «excentricidad» consiste en su «suicidio» por un proceso de apoptosis, es decir, de muerte celular cronoprogramada. Tanto es así que, de entre los 6-7 millones que tenemos cuando somos fetos de cuatro meses, tan solo nos quedan uno o dos millones al nacer. Este número de ovocitos primarios sigue reduciéndose apoptóticamente[1] en el interior de los folículos de tal forma que, al alcanzar la menarquia (primera regla), tan solo quedan unos 300.000. Los ovocitos «supervivientes», y desde el momento en que alcanzamos la madurez sexual, se irán liberando periódicamente a un ritmo medio de uno (excepcionalmente más) cada veintiocho días.[2]

Es ahora, durante las horas previas a la ovulación, cuando el ovocito primario retoma la división que dejó «congelada» más de diez años atrás, cuando la mujer era aún un feto. Es ahora cuando completa aquella primera división meiótica que dejó sin continuación. La segunda se iniciará con este llamativo retraso temporal (de más de una década) y se completará siempre y cuando tenga lugar la fecundación por parte de un espermatozoide.[3] Pero el dato que nos interesa es que, haya fecundación o no, «gastamos» un potencial óvulo cada ciclo. En principio esto no debería ser un inconveniente, puesto que no solo no nos va a dar tiempo material a tener 300.000 hijos a lo largo de nuestra vida, sino que creo no equivocarme si supongo que tampoco habría muchas mujeres muy dispuestas a ello.

El problema está en la calidad de los ovocitos. Al quedarse tanto tiempo con la división meiótica detenida, el huso acromático (unos «hilitos» celulares importantísimos para separar cromosomas) no funciona igual. Los «elásticos» que tienen que «tirar» de los cromosomas hasta los polos de la célula en división se quedan viejos y poco operativos. La consecuencia es que ya no separan con tanta eficacia los cromosomas, por lo que, al dividirse las células en células hijas, no siempre van bien repartidos los lotes. Al final del proceso, consecuentemente, algunos óvulos pueden ir con cromosomas de más, mientras que otros irán con cromosomas de menos.[4] Y todo ello va a llevar consigo las terribles consecuencias que todos conocemos para el nuevo ser que se forme a partir de esos óvulos.

Por cierto, no hablamos de mujeres muy mayores. Estos fallos en el huso acromático empiezan a tener lugar a partir de que la mujer alcanza tan solo los treinta y un años por término medio. El descenso de la calidad de los ovocitos es, además, exponencial, lo que supone un aumento progresivo y muy acelerado de la probabilidad de tener hijos con aneuploidías[5] (alteraciones cromosómicas) conforme avanza la mujer en la treintena.[6]

Esto, para la mayoría de las mujeres que vivimos en sociedades avanzadas, supone un problemón. Por una parte, cada vez retrasamos más la (voluntaria) maternidad porque nuestra formación académica, nuestra trayectoria profesional y nuestra estabilización económica así nos lo exige.[7] Por otra, no podemos demorarla mucho porque nos quedamos sin ovocitos en buen estado. Aunque el rango es muy amplio, para hacernos una idea se puede afirmar que la tasa de disminución de «ovocitos de calidad» se acelera exponencialmente, por término medio, a partir de los treinta y ocho años.[8] Por otra parte, la fecundidad femenina, en conjunto, empieza a disminuir a partir de los treinta años.[9]

Esto nos lleva a una situación muy desagradable. Aunque cerebral, digestiva, muscular o dermatológicamente seamos jóvenes, llegamos al final de la treintena reproductivamente viejas, muy viejas, por un proceso de compleja y múltiple naturaleza (endocrina, paracrina, genética y metabólica) aún no descifrado por completo. Entre problemas de subfertilidad, esterilidad, irregularidades y menopausia, retrasar la maternidad a los cuarenta es un riesgo demasiado elevado.

El encaje de bolillos es cada vez más complicado: hay que darse «prisa» biológicamente para ser madres, pero, a la vez, hay que conciliar la edad profesional con esta circunstancia de nuestra naturaleza.

Esta terrible disyuntiva entre profesión o maternidad no existe en el caso de los hombres. Ellos pueden ser padres perfectamente a lo largo de toda su vida y, ni por asomo, saben de la presión psicológica a la que nos vemos sometidas las mujeres con este tema.

Y eso, ¿por qué?

¿Qué es lo que ocurre con los hombres?

¿No hacen ellos también meiosis para formar sus espermatozoides?

¿Por qué en la espermatogénesis no existen estos riesgos de aneuploidías?

La respuesta es que los ovocitos tienen la misma edad que sus dueñas, es decir, desde el estado de feto (o, como mucho, hasta los seis meses de vida del nacimiento de la mujer) ya están las ovogonias diferenciadas en ovocitos primarios y paradas en diplotene[10] esperando su turno para, en el ciclo menstrual que le corresponda, terminar su meiosis y dar lugar a su óvulo correspondiente.

Los hombres, por el contrario, generan sus espermatozoides de forma continua desde el estado inicial de espermatogonias. La meiosis la hacen de un tirón sin el más mínimo problema. No hay suspensiones prolongadas ni hilos que se estropeen. Desde la pubertad hasta la práctica senilidad producen continuamente espermatozoides con prácticamente la misma calidad cromosómica. Una maravilla.

Comparemos, pues. Tenemos una pareja cercana a la cuarentena que quiere aventurarse en el camino de la paternidad. Él tiene sus espermatozoides «fabricados» hace, como mucho, unos días. Sin embargo, el óvulo de ella tiene... ¡cuarenta años!

Estarán de acuerdo conmigo. Aquí el sexo es más que injusto con las mujeres: es cruel.

Elijamos lo que elijamos, profesión o maternidad, las mujeres siempre perdemos.

La menopausia, ¿inconveniente o ventaja?

La transición menopáusica o climaterio es un periodo de cambio endocrinológico, de entre cuatro y cinco años de duración, caracterizado por el paso de un estadio con menstruaciones regulares y predecibles a otros de amenorrea hasta el cese total y definitivo de la menstruación.[11] Una vez transcurrido un año de irregularidades, se considera que se ha alcanzado la menopausia. Se acabó la posibilidad de ser madre. Ya no se liberan más óvulos a las trompas.

Pues bien, las consecuencias de la menopausia no solo estriban en el cese de la capacidad reproductora de la mujer por retirada del ciclo menstrual. De limitarse a ello, la mayoría la considerarían una situación positiva al suponer la liberación de las molestias derivadas de la menstruación. El problema está en todos los cambios anatómicos y fisiológicos asociados al climaterio y a la reducción en la síntesis de estrógenos y progesterona. De las molestias causadas por sofocos, sudoraciones, palpitaciones, insomnio, irritabilidad, aumento de peso o disminución de la libido en las primeras etapas de la vida posmenopáusica, pasamos al adelgazamiento y pérdida de elasticidad de la piel, la sequedad vaginal o las posibles pérdidas de orina a medio plazo. A largo plazo, y si no se recurre a terapias hormonales sustitutivas, las consecuencias pueden ser bastante más serias y acarrear problemas cardiovasculares o esqueléticos, entre otros. Al no tener estrógenos que nos «protejan», aumentan considerablemente los riesgos de cardiopatía isquémica, accidente cerebro-vascular o cardiopatía congestiva,[12] en el primer caso, o problemas de osteoporosis, riesgo de fracturas o aplastamiento de las vértebras, en el segundo.

Nos encontramos, pues, con una situación bastante paradójica porque, si la menopausia ocasiona tantos problemas de salud, ¿cómo es que se ha seleccionado positivamente?

Esta pregunta, que tanto ha desafiado a los biólogos evolutivos, ha encontrado una posible explicación en la llamada «hipótesis de la abuela»[13] (basada, a su vez, en «la hipótesis de la madre»).[14]

La propuesta viene a sugerir que el alargamiento de la vida

posreproductiva en las mujeres se ha seleccionado, en parte, gracias a los beneficios para la especie que supone su colaboración para el conjunto del núcleo social. Además de ayudar a las crías a lograr la independencia, las abuelas asistirían a los nietos mediante la búsqueda e intercambio de alimentos o compartiendo conocimientos ecológicos. Esta hipótesis se ve refrendada por el hecho de que, en las sociedades de cazadores-recolectores que aún sobreviven en la actualidad, las abuelas posreproductivas favorecerían la supervivencia de sus nietos, aumentando así su propia aptitud inclusiva.[15] Otro dato a favor de su validez explicativa sería el hecho de los asombrosos datos obtenidos en sociedades de orcas, especie con hembras que presentan, como las humanas, una etapa menopáusica relevante (dejan de ser reproductivas en torno a los cuarenta años, pero pueden llegar a vivir hasta los noventa). Se ha demostrado que las abuelas de estas sociedades de cetáceos aumentan la supervivencia de sus nietos y que, concretamente, son las abuelas posreproductivas (menopáusicas) las más eficaces en esta ayuda.[16]

Las «goteras» de la anatomía diferencial

Desde que somos muy jóvenes, bien porque somos mujeres (y lo padecemos en nuestro propio cuerpo), o bien porque estamos rodeados de féminas si somos hombres, a todos nos es familiar el hecho de que el aparato ginecológico «duele».

Esta circunstancia es tan absolutamente frecuente y habitual que no se le presta la atención que merece: es «lo normal».

¡Qué injusticia más enorme!

Vamos a ponernos en la siguiente situación: tenemos a nuestro lado un compañero de clase que, jugando en el recreo del colegio, se lleva las manos a los testículos y se dobla de dolor, sin importarle quién gane o pierda el partido de fútbol en el que juega de delantero. Otro supuesto: un fin de semana estupendo, con todos los gastos pagados, en una estación de esquí. Hace un día fantástico y la nieve está perfecta. El grupo de amigos sale pronto con ansias de comerse las pistas y practicar en los descensos las nuevas técnicas aprendidas. Uno de ellos se queda sin coger el remonte, resignado, argumentando que le duele mucho el pene y que prefiere quedarse en el apartamento leyendo.

Un último supuesto: un joven tiene un examen trascendental en su carrera. Le duele tantísimo la próstata que lo hace lo más deprisa que puede porque su objetivo prioritario ha dejado de ser hacer el examen perfecto (que es para lo que lleva preparándose como una fiera durante un mes). Lo único que desea es terminar rápido, irse a su casa, y tumbarse con una bolsa de agua hirviendo sobre el abdomen para que el calor desmesurado neutralice el lacerante dolor y consiga acallar esa puñetera próstata que lleva amargándole la existencia desde los catorce años.

Es evidente que a todos nos parecería chocante y andaríamos preocupados por saber qué es lo que les está ocurriendo a estos amigos. Sin embargo, nos parece absolutamente normal si se trata de problemas ginecológicos de amigas.

Los ovarios poliquísticos, la endometriosis o, simplemente, los dolores más intensos de lo normal producidos por espasmos del útero en su proceso mensual de expulsar la decidua durante la menstruación, es algo con lo que estamos absolutamente familiarizados. Todos conocemos mujeres que tienen problemas de este tipo. A todas las mujeres, en mayor o menor grado, nos supone un descenso de la calidad de vida la propia existencia del aparato ginecológico. Desde un simple malestar premenstrual a tener que ser intervenida de urgencia por el riesgo que supone la abertura de un quiste en la cavidad abdominal, todas estamos, de una manera u otra, fastidiadas ginecológicamente.

La presunta perfección del cuerpo humano, esa expresión tan grandilocuente como depositaria de una visión finalista de la evolución, es completamente incierta. Es tan falsa como cierta es la de que el aparato reproductor femenino es una auténtica chapuza.

A todos estos problemas, digamos, habituales habría que sumarles los que se generan con el paso del tiempo. El índice de mujeres intervenidas quirúrgicamente como consecuencia de problemas en ovarios, útero o mamas es de un orden de magnitud superior al de hombres intervenidos como consecuencia de patologías focalizadas en los testículos o alguna glándula reproductora masculina.

Capítulo propio merecería el cáncer de mama, cuyo principal factor de riesgo es, literalmente, «ser mujer», puesto que en el 99% de los casos los diagnósticos recaen en mujeres. Y no vale contrarrestar esta afirmación con el esperable «... y el 100% de los casos de cáncer de próstata recaen en hombres...», puesto que las mujeres no tenemos próstata mientras que los hombres sí que tienen mamas. La incidencia del cáncer de próstata, por lo tanto, solo tendría sentido confrontada con datos referente al cáncer en estructuras y órganos estrictamente femeninos, como pueda ser el cuello de útero o los ovarios. A ello habría que sumar la consideración de una segunda circunstancia: la esperanza de vida de nuestra especie ha alcanzado niveles impensables a los que tendría en condiciones naturales. El resultado es que un tercio de la vida media de una mujer tendrá lugar en la posmenopausia y estará soportando el incremento progresivo de las probabilidades de aparición de patologías de este tipo.

La pregunta que surge es inmediata: ¿por qué el aparato reproductor femenino es así? ¿Por qué la selección natural lo permite?

La respuesta es aún más inmediata: porque no ha surgido nada mejor. Si hubiese aparecido una novedad evolutiva que incrementase la eficacia biológica de la especie de forma significativa, el carácter habría sido seleccionado positivamente de forma instantánea. Hay que asumir, pues, que *Homo sapiens* tiene su punto más débil y chapucero, precisamente, en el aparato ginecológico.

Es una total y absoluta injusticia.

11
No nos confundamos

Una persona no alcanza el estatus de Galileo simplemente porque sea perseguida, sino que también debe tener la razón.

STEPHEN JAY GOULD,
Desde Darwin. Reflexiones sobre historia natural

Es muy posible que, ahora que me estás leyendo, eches en falta una reflexión sobre uno de los aspectos referentes a las diferencias biológicas entre sexos que mayor controversia está generando en la actualidad.

Me refiero a lo que coloquialmente se ha convenido en denominar «cambio de sexo».

De entrada, es muy importante indicar que esta expresión es, desde el punto de vista biológico, completamente incorrecta. El error se genera como consecuencia de la arbitrariedad con que se utilizan los conceptos de sexo, sexualidad, genitalidad y género. Aunque los términos parecen aludir a cuestiones muy similares de nuestra condición humana, en realidad responden a aspectos muy diferentes y se hace necesario definir muy bien las fronteras, demarcaciones, territorios y límites de cada uno de ellos.

Aclaremos, pues...

Recordemos a qué llamamos sexo

«Sexo», como ha ido quedando patente en los capítulos anteriores, es un concepto puramente biológico.

Por mucho que se emplee mal, se maltrate, tergiverse y manipule en otros contextos, este término hace referencia, de manera estricta, al conjunto de diferencias existentes en morfología, fisiología y comportamiento entre los individuos de una determinada especie encaminadas a la producción de gametos y a la reproducción.[1] Dicho de otra forma, el término «sexo» se debe emplear en exclusiva para diferenciar tipologías reproductivas de individuos. Por consiguiente, ni las distintas modalidades de prácticas sexuales, ni las diferentes orientaciones sexuales ni tan siquiera los tipos de órganos (si no tienen una finalidad estrictamente reproductiva) entrarían dentro del concepto «sexo».

En la naturaleza, el sexo gonadal es fundamentalmente dual. Así, en la mayoría de las especies existen dos tipos de individuos: las hembras (con ovarios que producen gametos llamados óvulos) y los machos (con testículos que generan espermatozoides). No obstante, existen especies donde se dan individuos hermafroditas (que son machos y hembras a la vez al disponer en su morfología tanto de testículos como de ovarios) e, incluso, especies con individuos asexuados (que no poseen ningún tipo de gónada).

Lo más frecuente es poder reconocer la naturaleza macho o hembra de un individuo de manera anatomomorfológica. Sin embargo, en los individuos de muchas especies, el sexo gonadal no implica la existencia de diferencias evidentes, ni en lo que se refiere a sus atributos genitales externos, ni a otras estructuras específicas de un sexo concreto, lo que implica tener que recurrir a técnicas organográficas, fisiológicas, citológicas o, incluso, genéticas para caracterizarlos sexualmente. Eso pasa, por ejemplo, con la mayoría de las especies de gusanos (en especial en los nematodos), en las que puede llegar a ser muy complejo poder distinguir externamente un macho de una hembra. La conclusión es clara: «sexo» no es sinónimo de «genitalidad». Tan solo en aquellas especies en las que existe un claro dimorfismo sexual en lo que se refiere a los caracteres sexuales externos sería posible considerarlos términos equivalentes.[2]

Homo sapiens se incluye en este último grupo. Según este

criterio, nosotros somos una especie animal con dos sexos separados (hombre y mujer), que se manifiestan de forma permanente (desde el nacimiento hasta la muerte), que no presenta individuos hermafroditas ni asexuados[3] y que dispone de órganos sexuales externos que, junto con otros caracteres de dimorfismo sexual, permiten el reconocimiento del morfotipo sexual del individuo.

¿Qué cambiamos, entonces, cuando cambiamos de sexo?

Nuestra especie tiene lo que se denomina, biológicamente, una determinación cromosómica del sexo. Como se vio en el capítulo 3, desde el momento en que tiene lugar la cariogamia y se concluye la fecundación, ese nuevo individuo ya tiene definido su sexo. Desde esta tempranísima etapa de desarrollo, ya resulta completamente nítido y manifiesto si se trata de un cigoto XX o XY. Es decir, desde nuestros momentos más iniciales en los que tan solo estamos constituidos por una única célula, ya está definido si seremos en el futuro una mujer o un hombre. Recordemos que es lo que hemos denominado como «primer sexo» o sexo cromosómico.

Esto tiene una implicación para el futuro clara e inamovible: todas las células que se generen por división y diferenciación progresiva a partir del cigoto van a ser genéticamente idénticas entre sí e idénticas al cigoto. Dicho de otra forma: como las divisiones se producen por mitosis, genéticamente las células de cualquier parte anatómica de un ser humano van a ser siempre clónicas entre ellas. Las de una mujer, como son el resultado de las mitosis de un cigoto XX, serán todas femeninas. Desde una neurona cerebral al hepatocito más recóndito de nuestro hígado, todas las mujeres tendremos la pareja de cromosomas sexuales de nuestros núcleos celulares configurados como XX. Por el contrario, un linfocito, un miocardiocito o la célula epidérmica que recubra cualquier parte del cuerpo de un hombre será XY,[4] no solo las células que configuren su próstata, sus glándulas seminales o su pene.

Además, esta condición se mantendrá durante toda la vida del individuo.

La conclusión de todo lo expuesto es inmediata: el sexo no es susceptible de cambio porque no es posible cambiar los cromosomas de nuestras células. El sexo cromosómico es inalterable.

Por el contrario, lo que sí es completamente factible es modificar, mediante técnicas quirúrgicas, toda la configuración genital externa de la persona que se somete a un mal llamado «cambio de sexo». En esta circunstancia, y esto hay que tenerlo muy claro, lo que estamos cambiando es su «genitalidad», no su sexo.

Pero existe un segundo aspecto que hay que tener en cuenta. Aunque modifiquemos la genitalidad externa, las gónadas siguen produciendo sus hormonas y sus gametos, con lo cual los caracteres sexuales secundarios (mamas, barba, bigote...) siguen siendo lo que la condición sexual cromosómica marque. Es decir, por mucho que transformemos un clítoris en un pene en el quirófano, los ovarios de esa persona (si es mujer) van a seguir produciendo óvulos y segregando estrógenos. Esta es la razón por la cual es necesario acompañar la intervención quirúrgica con una administración externa hormonal que altere la natural en el sentido deseado. Además, el suministro de hormonas habrá de garantizarse de por vida, puesto que esa persona nunca será capaz de sintetizar, por sí misma, la proporción estrógenos/andrógenos necesaria para adquirir el sexo hormonal contrario al que determina su condición cromosómica. En el caso de transformación quirúrgica de los caracteres sexuales primarios de hombre a mujer, la eliminación de los testículos supondrá el descenso de testosteronemia, pero será necesaria una aportación estrogénica externa para la procura de los caracteres sexuales secundarios femeninos de la manera más similar posible a la que se daría en condiciones naturales.

No obstante, es interesante aclarar que, si bien la especie humana no puede cambiar de sexo en el correcto uso del concepto, otras especies animales sí pueden hacerlo. De hecho, son muchas las que lo hacen.

¿Cómo es eso posible? La respuesta es fácil: su sexo no está determinado cromosómicamente. En otras palabras, se trata de especies en las que no existe la pareja de cromosomas sexuales que, desde su fase cigoto, identifica a sus individuos como machos o como hembras. En estos casos, la causa para que se decanten en un sentido o en otro radica en factores puramente ambientales.

Uno de estos factores es la temperatura. A nosotros nos resulta un hecho bastante llamativo, pero, por ejemplo, en algunas tortugas marinas, lo que determina su sexo es algo tan curioso como la temperatura a la que se desarrollan los huevos.

En otros casos, más sorprendente para nosotros aún, el sexo puede cambiar como respuesta a estímulos hormonales. Esto pasa en muchos peces óseos en los que la proporción machos/hembras de las poblaciones va cambiando según las circunstancias de densodependencia. En otras especies, también de peces, incluso es frecuente pasar por «etapas sexuales». Así, las doradas son primero machos y, después, cuando son más mayores, se transforman en hembras que generan óvulos. La circunstancia inversa es la que manifiestan los peces loros y algunas especies de meros, que pasan a ser machos tras culminar su etapa femenina.[5] El grado máximo del transformismo sexual lo manifiestan algunos lábridos, que puede cambiar de sexo varias veces a lo largo de su existencia.[6] Así, por poner unos ejemplos, si se elimina el macho dominante de un cardumen de lábridos de cabeza azul *(Thalassoma bifasciatum),* la hembra de mayor tamaño adquiere rapidísimo (en pocas horas) la condición de macho.[7] En el caso del conocido pez payaso *(Amphiprion ocellaris),* el cambio es en la dirección opuesta. Cuando la hembra desaparece, el macho ocupa su lugar.[8]

¿Hay lugar en biología para el género y la sexualidad?

La respuesta más adecuada a esta cuestión es que tanto «sexualidad» como «género» son conceptos que quedan fuera del área de conocimiento biológico.

Aunque muy relacionados con «sexo» y «genitalidad», la «sexualidad» implica aspectos que escapan del ámbito de lo estrictamente natural. Como adelanté en el capítulo introductorio «Es necesario tener claro...», el término «sexualidad» se refiere al uso que se hace de los caracteres anatómicos sexuales, lo que, en nuestra especie, implica áreas de competencia, funcionamiento y comportamiento que exceden en muchísimos aspectos a lo puramente reproductivo. Con ello quiero indicar que, además de variables morfológicas, fisiológicas y evolutivas, en la sexualidad humana intervienen muchas otras de naturaleza psicológica, sociológica y cultural. El resultado es una pluralidad de opciones y comportamientos sexuales que, si bien constituyen un campo de reflexión interesantísimo,[9] quedan fuera del marco de lo puramente objetivable.

En lo que respecta al «género», aquí sí que no tengo absolutamente nada que decir, salvo que no tiene nada que ver con la biología. De hecho, se trata de un término técnico procedente de las ciencias sociales y, por lo tanto, de un constructo humano. La propia definición que de él hace la Organización Mundial de la Salud como «conjunto de comportamientos, actividades, atributos y roles socialmente construidos que una sociedad considera apropiados para hombres y mujeres»,[10] alude directamente a su carácter subjetivo y completamente condicionado por el contexto cultural donde se aplique. Consecuentemente, el sexo de un ser humano concreto será el mismo tanto si es su vecino como si vive en el rincón más recóndito del planeta. Su sexo permanecerá invariable tanto si se trata de un individuo actual como si, por el contrario, se trata de un *Homo antecessor* que habitó en la

Gran Dolina de Atapuerca hace ochocientos mil años. Por el contrario, el género puede ser absolutamente variable, tanto en función de las características psicosociales del individuo en cuestión como de las circunstancias político-culturales del lugar donde habite.

En conclusión, hablamos impropiamente cuando afirmamos que una persona ha cambiado su sexo. Puede cambiar su género a voluntad (en los países donde ello esté permitido) e, incluso, este cambio puede ir acompañado de un cambio en su genitalidad y/o naturaleza de sus caracteres sexuales secundarios, pero lo que nunca podrá cambiar será su sexo, puesto que su configuración cromosómica XX o XY estará presente en todas y cada una de sus células hasta el final de sus días.

Desde esta perspectiva, y aunque se salga de los objetivos de este libro, es muy posible que el colectivo de personas afectadas por esta particular problemática consideren que el sexo, en concreto el que les ha tocado en suerte tener, es injusto.

Epílogo

> Al escribir un libro, a la primera persona a la que deberías complacer es a ti misma.
>
> PATRICIA HIGHSMITH, *Suspense*

Releo lo que he escrito y son varios los sentimientos que me invaden y muchas las emociones que me despiertan mis propios textos. Voy a intentar analizarlos en una breve reflexión final y, así, de camino, pongo orden en la tormenta de conexiones mentales que pelean por adueñarse de mi cerebro.

1. Me encanta ser mujer. Sin ningún tipo de duda y desde que tengo uso de razón, jamás me he planteado mi existencia en otro cuerpo. Ni tan siquiera jugando o experimentando, nunca me ha interesado lo más mínimo una identidad biológica diferente a la que me ha tocado. Soy absolutamente femenina molecular, celular, tisular, orgánica, fisiológica y sistémicamente. No obstante, y aunque adoro mi condición XX, creo que era necesario decir, con conocimiento de causa y de forma objetiva y libre de perjuicios, que el sexo es injusto con las mujeres. Espero haberlo conseguido.

2. Sorprende comprobar que algo tan evidente como la desigual contribución a la formación de los cigotos que existe entre los sexos no sea expuesto con claridad en los libros de texto de biología. Unos, por estúpido machismo, pensarán que no conviene

afirmar que el ADN mitocondrial implica que la carga genética del nuevo ser lleva mayor representación femenina que masculina. Otros, por necio feminismo hipertrofiado o ideología, considerarán que no conviene relacionar con las mujeres la labor de «cuidar la despensa» que hace el citoplasma femenino.

En cualquier caso, como dice el maestro Serrat, «Nunca es triste la verdad, lo que no tiene es remedio». Pues eso.

3. Los científicos, como actitud de partida, concebimos, planificamos y desarrollamos nuestras investigaciones con hipótesis de trabajo que intentamos refutar experimentalmente de la manera más neutra posible. Pero hay dos circunstancias que nos limitan, muy a nuestro pesar. Por una parte, existe una inevitable inercia mental que juega en contra de la objetividad porque te hace arrastrar, inevitablemente, subjetividades. Basta con reparar, a modo de ejemplo, en la bella cita sobre la ciencia atribuida a Hipócrates: «La ciencia es el padre del conocimiento, pero las opiniones son las que engendran la ignorancia». La frase es magnífica en lo que se refiere al mensaje que transmite, aunque nefasta en las formas que emplea para ello. Ignoro si fue responsabilidad de Hipócrates, del que rescató la frase de Hipócrates, del que concibió la frase y la atribuyó a Hipócrates o del traductor de griego. El hecho es irrelevante. Lo trascendente es que, siendo *la* ciencia y, por tanto, un sustantivo femenino, sea *el padre* y no *la madre* del conocimiento.

Por otra parte, los científicos, al igual que el resto de las personas, tenemos nuestro punto ciego del sesgo,[1] es decir, tendemos a pensar que somos más imparciales que la mayoría de la población que nos rodea. Pero toda persona, incluida el científico, es *producto de su tiempo* y, como tal, arrastra una serie de prejuicios procedentes de su educación familiar, de su entorno sociopolítico, de la cosmovisión de su época y de su propia manera de pensar. A ello se le une el hecho de que, hasta hace relativamente poco y con excepciones notabilísimas y dignas de monumento, el mundo de la ciencia ha sido exclusivamente masculino. Pues bien, parece haber habido un «punto ciego» social en torno a este tema. Ya iba siendo hora de quitar la venda de los ojos y dejar entrar la luz femenina.

4. Asumiendo los retorcimientos y manipulaciones en todos los sentidos que los «gorrones de reflexiones» y los pervertidores ideológicos puedan hacer de mis palabras, recurro a Emily Dickinson para afirmar, con gusto y deleite, que «La verdad es una cosa tan rara que es un placer decirla».

5. La relectura de mis palabras me hace pensar, me hace dudar y me crea algún que otro desasosiego. Por una parte y en algunas frases, creo que me he pasado. Al mismo tiempo, en otros párrafos tengo la sensación de haberme quedado corta, que me ha faltado coraje para expresar con más vehemencia lo que quería decir. Podría haber cambiado lo primero y arrojado más fuego en lo segundo, pero he creído más honesto dejarlo así, desnudo de efectos artificiales y prejuiciosos. En estos momentos de inseguridad me ha servido de impagable consuelo el eterno Aristóteles y su afirmación de que el verdadero valor se encuentra entre la cobardía y la temeridad.[2]

6. No soy destructiva en ningún ámbito de mi vida. Consecuentemente, ni quiero culpar a nadie, ni pedir cuentas de nada, ni mucho menos pedir responsabilidades a nadie por el *pequeño déficit de rigor* arrastrado en este aspecto en la bibliografía existente sobre el sexo biológico. Es más, ni siquiera lo tildaría con la trillada etiqueta de «machista», dado que me cuesta concebir una voluntariedad en esta falta de equidad en el tratamiento de las diferencias sexuales. Más bien lo considero una inercia de inexactitudes arrastradas que, simplemente, estaban faltas de que alguien la destapara para actuar en consecuencia. Como afirma la frase atribuida a Sócrates: «la ciencia humana consiste más en destruir errores que en descubrir verdades». Prefiero ser constructiva y, ya que me está saliendo un epílogo de citas, recurrir a

Gabriela Mistral y hacerle caso cuando escribía: «Donde haya un esfuerzo que todos esquivan, hazlo tú. Sé tú el que aparta la piedra del camino».

No sé si habré conseguido apartar exitosamente esta piedra, pero, al menos, he disfrutado muchísimo intentándolo.

Espero que para tu intelecto también haya sido una grata experiencia. Me hace feliz pensar que así ha sido.

Apéndices

Notas

Prólogo

1. Feyerabend, P. (2007), *Tratado contra el método,* Tecnos, Madrid.

Es necesario tener claro...

1. Martin, R.D. (2007), «The evolution of human reproduction: a primatological perspective», *Yearbook of Physical Anthropology*, 50, págs. 59-84.
2. Popper, K. (2004), *El problema de la inducción. La lógica de la investigación científica,* Tecnos, Madrid.
3. De Andrés, V. (2020), «No tenemos ni idea de sexo», *The Conversation (Ciencia y Tecnología).* https://theconversation.com/no-tenemos-ni-idea-de-sexo-142501.
4. Smith, J.M. (1998), *Evolutionary Genetics* (2.ª ed.), Oxford University Press, Oxford.
5. Blackwelder, R.E., y Garoian, G.S. (1986), *Handbook of Animal Diversity* (1.ª ed.), CRC Press.
6. Smith, J.M. (1998), *Evolutionary Genetics* (2.ª ed.), Oxford University Press, Oxford.
7. Hussin, J.G.; Hodgkinson, A.; Idaghdour, Y.; Grenier, J.C.; Goulet, J.P.; Gbeha, E.; Hip-Ki, E., y Awadalla, P. (2015), «Recombination affects accumulation of damaging and disease-associated mutations in human populations», *Nature Genetics,* 47, 4, págs. 400-404.
8. Hay registros concretos de casos de hermafroditismo en nuestra especie, pero son muy excepcionales. En este caso, las gónadas responden a una tipología mixta denominada «ovotestis», donde el tejido testicular suele ser inmaduro y afuncional. En: Krob, G.; Braun, A., y Kuhnle, U. (1994), «True hermaphroditism: geographical distribution, clinical findings, chro-

mosomes and gonadal histology», *European Journal of Pediatrics,* 153(1), págs. 2-10.

9. Geodakyan, V.A. (2000), «Evolutionary chromosomes and evolutionary sex dimorphism», *Biology Bulletin,* 27, págs. 99-113.

10. Hamilton, W.D. (2002), *Narrow Roads of Gene Land, 2: Evolution of Sex,* Oxford University Press, Oxford.

1. Todo empieza antes de empezar

1. Un micrómetro o micra (μm) es la milésima parte de un milímetro.

2. Zelenitsky, D.K., y Therrien, F. (2013), «Dinosaur Eggs», *The Canadian Encyclopedia. En: https://www.thecanadianencyclopedia.ca/en/article/dinosaur-eggs.*

3. May-Panloup, P.; Boucret L.; Chao de la Barca, J.-M.; Desquiret-Dumas, V.; Ferré-L'Hotellier, V.; Morinière, C.; Deschamps, P.; Procaccio, V., y Reynier, P. (2016), «Ovarian ageing: the role of mitochondria in oocytes and follicles», *Human Reproduction Update,* 22(6), págs. 725-743.

4. Se denomina «vitelo» al conjunto de nutrientes que el óvulo almacena en su citoplasma. Formado principalmente por lípidos y carbohidratos, constituye el sustrato energético que posibilita el progreso de las primeras fases del desarrollo embrionario de los animales.

5. Burrola-Barraza, M.E., y Gonzalez-Rodriguez, E. (2015), «Efectos de los RNAm maternos sobre la maduración del ovocito y el desarrollo embrionario temprano en mamíferos: Revisión», *Revista Mexicana de Ciencias Pecuarias,* 6(1), págs. 39-68.

6. Tarazona, A.; López, A., y Olivera-Ángel, M. (2010), «La Competencia del Ovocito: qué, cómo y cuándo», *Acta Biológica Colombiana,* 15(3).

7. Andolz, P. (1995), *Semen humano. Manual y atlas,* Garsi, Madrid.

8. Zhang, D.; Keilty, D.; Zhang, Z.F., y Chian, R.C. (2017), «Mitochondria in oocyte aging: current understanding», *Facts Views Vis Obgyn,* 9(1), págs. 29-38.

9. Kim, S.J.; Xiao, J.; Wan, J.; Cohen, P., y Yen, K. (2017), «Mitochondrially derived peptides as novel regulators of metabolism», *The Journal of Physiology,* 595(21), págs. 6613-6621.

10. Hashimoto, Y.; Niikura, T.; Ito, Y.; Sudo, H.; Hata, M.; Arakawa, E.; Abe, Y.; Kita, Y., y Nishimoto, I. (2001), «Detailed characterization of neuroprotection by a rescue factor humanin against various Alzheimer's disease-relevant insults», *The Journal of Neuroscience,* 21(23), págs. 9235-9245.

11. Kariya, S.; Hirano, M.; Nagai, Y.; Furiya, Y.; Fujikake, N.; Toda, T., y Ueno, S. (2005), «Humanin attenuates apoptosis induced by DRPLA proteins with expanded polyglutamine stretches», *Journal of Molecular Neuroscience,* 25(2), págs. 165-169.

12. Cann, R.L.; Stoneking, M., y Wilson, A.C. (1987), «Mitochondrial DNA and human evolution», *Nature,* 325(6099), págs. 31-36.

13. Gill, P.; Ivanov, P.L.; Kimpton, C.; Piercy, R.; Benson, N.; Tully, G.; Evett, I., y Hagelberg, E. (1994), «Identification of the remains of the Romanov family by DNA analysis», *Nature Genetics,* 6(2), págs. 130-135.

14. Ivanov, P.; Wadhams, M.J.; Roby, R.; Holland, M.; Weedn, V.W., y Parsons, T.J. (1996), «Mitochondrial DNA sequence heteroplasmy in the Grand Duke of Russia Georgij Romanov establishes the authenticity of the remains of Tsar Nicholas II», *Nature Genetics,* 12(4), págs. 417-420.

2. El mito de los aguerridos espermatozoides

1. Se llama alelo o alelomorfo a cada una de las formas alternativas que puede tener un mismo gen. Por ejemplo, para el gen que codifica el carácter «color de ojos» habría diferentes alelos como el ojos «azules», el ojos «negros» o el ojos «verdes».

2. Fitzpatrick, J.L.; Willis, C.; Devigili, A.; Young, A.; Carroll, M.; Hunter, H.R., y Brison, D.R. (2020), «Chemical signals from eggs facilitate cryptic female choice in humans», *Proceedings of the Royal Society B,* 287, pág. 20200805.

3. El rango de normalidad en un varón fértil puede oscilar entre los 100 y los 600 millones de espermatozoides por eyaculado.

4. Witkin, S.S.; Linhares, I.M., y Giraldo, P. (2007), «Bacterial flora of the female genital tract: Function and immune regulation», *Best Practice & Research Clinical Obstetrics & Gynaecology,* 21(3), págs. 347-354.

5. Plummer, E.L.; Vodstrcil, L.A.; Fairley, C.K.; Tabrizi, S.N.; Garland, S.M.; Law, M.G., *et al.* (2019), «Sexual practices have a significant impact on the vaginal microbiota of women who have sex with women», *Scientific Reports,* 9, pág. 19749.

6. Zapata, H.J., y Quagliarello, V.J. (2015), «The microbiota and microbiome in aging: potential implications in health and age-related diseases», *Journal of The American Geriatrics Society,* 63, págs. 776-781.

7. Mulder, M.; Radjabzadeh, D.; Hassing, R.J.; Heeringa, J.; Uitterlinden, A.G.; Kraaij, R., *et al.* (2019), «The effect of antimicrobial drug use on the composition of the genitourinary microbiota in an elderly population», *BMC Microbiology,* 19, pág. 9.

8. Chee, W.J.Y.; Chew, S.Y., y Than, L.T.L. (2020), «Vaginal microbiota and the potential of Lactobacillus derivatives in maintaining vaginal health», *Microbial Cell Factories,* 19, pág. 203.

9. Nardis, C.; Mastromarino, P., y Mosca, L. (2013), «Vaginal microbiota and viral sexually transmitted diseases», *Annali di Igiene,* 25(5), págs. 443-456.

10. Linhares, I.M.; Summers, P.R.; Larsen, B.; Giraldo, P.C., y Witkin, S.S. (2011), «Contemporary perspectives on vaginal pH and lactobacilli», *American Journal of Obstetrics and Gynecology,* 204(2), págs. 120.e1-5.

11. Lev-Sagie, A.; Goldman-Wohl, D.; Cohen, Y.; Dori-Bachash, M.; Leshem, A., y Mor, U. (2019), «Vaginal microbiome transplantation in women with intractable bacterial vaginosis», *Nature Medicine,* 25, págs. 1500-1544.

12. De Jonge, C. (2017), «Biological basis for human capacitation», *Human Reproduction Update,* 23(3), págs. 289-299.

13. Arienti, G.; Carlini, E.; Saccardi, C., y Palmerini, C.A. (2004), «Role of human prostasomes in the activation of spermatozoa», *Journal of Cellular and Molecular Medicine,* 8(1), págs. 77-84.

14. Para que se fusionen los prostasomas a los espermatozoides se necesita un pH de entre 5,0 y 6,0. Durante el periodo periovulatorio, el pH de la vagina es de 4,5-6,0. En: Arienti, G.; Carlini, E.; Saccardi, C., y Palmerini, C.A. (2004), «Role of human prostasomes in the activation of spermatozoa», *Journal of Cellular and Molecular Medicine,* 8(1), págs. 77-84.

15. Aalberts, M.; Stout, T.A.E., y Stoorvogel, W. (2014), «Prostasomes: extracellular vesicles from the prostate», *Reproduction,* 147(1), págs. 1-14.

16. Arienti, G.; Carlini, E.; Saccardi, C., y Palmerini, C.A. (2004), «Role of human prostasomes in the activation of spermatozoa», *Journal of Cellular and Molecular Medicine,* 8(1), págs. 77-84.

17. Sun, F.; Bahat, A.; Gakamsky, A.; Girsh, E.; Katz, N.; Giojalas, L.C.; Tur-Kaspa, I., y Eisenbach, M. (2005), «Human sperm chemotaxis: both the oocyte and its surrounding cumulus cells secrete sperm chemoattractants», *Human Reproduction,* 20(3), págs. 761-767.

18. De Jonge, C. (2017), «Biological basis for human capacitation», *Human Reproduction Update,* 23(3), págs. 289-299.

19. Holt, W.V., *et al.* (2016), «Sperm selection in the female mammalian reproductive tract Focus on the Oviduct: Hypotheses, mechanisms, and new opportunities», *Theriogenology,* 85(1), págs. 105-112.

20. Este número oscila entre los 90.000 y los 100.000. En: De Jonge, C. (2005), «Biological basis for human capacitation», *Human Reproduction Update,* 11(3), págs. 205-214.

21. Reciben esta denominación en honor al médico renacentista Gabriel Falopio, quien, en 1561, publica *Observationes Anatomicae*. Es la primera descripción detallada de la «trompa» del útero, donde se especifica que su extremo más alejado conecta con el abdomen mientras que el más proximal se abre al útero. En: Godoy-Guzman, C., *et al*. (2018), «La Tuba Uterina: Desde Herófilo a Horacio Croxatto», *International Journal of Morphology,* 36(2), págs. 387-390.

22. Kunz, G.; Beil, D.; Huppert, P., y Leyendecker, G. (2007), «Oxytocin — a stimulator of directed sperm transport in humans», *Reproductive BioMedicine,* 14(1), págs. 32-39.

23. Vigil, P.; Orellana, R.F., y Cortés, M.E. (2011), «Modulation of spermatozoon acrosome reaction», *Biological Research,* 44(2), págs. 151-159.

24. De Jonge, C. (2017), «Biological basis for human capacitation», *Human Reproduction Update,* 23(3), págs. 289-299.

25. Ibíd.

26. Gadella, B.M.; Tsai, P.S.; Boerke, A., y Brewis, I.A. (2008), «Sperm head membrane reorganisation during capacitation», *International Journal of Developmental Biology,* 52(5-6), págs. 473-480.

27. Kerns, K.; Zigo, M.; Drobnis, E.Z.; Sutovsky, M., y Sutovsky, P. (2018), «Zinc ion flux during mammalian sperm capacitation», *Nature Communications,* 25, 9(1), pág. 2061.

28. El-Mowafi, D.M., y Diamond, M.P. (2019), *Fallopian tube,* GFMER, Geneva Foundation for Medical Education and Research.

29. Saint-Dizier, M.; Mahé, C.; Reynaud, K.; Tsikis, G.; Mermillod, P., y Druart, X. (2020), «Sperm interactions with the female reproductive tract: A key for successful fertilization in mammals», *Molecular and Cellular Endocrinology,* 516(4), pág. 110956.

30. Vigil, P.; Orellana, R.F., y Cortés, M.E. (2011), «Modulation of spermatozoon acrosome reaction», *Biological Research,* 44(2), págs. 151-159.

31. Lishko, P.V.; Botchkina, I.L., y Kirichok, Y. (2011), «Progesterone activates the principal Ca2+ channel of human sperm», *Nature,* 471(7338), págs. 387-391.

32. Tosti, E.; Di Cosmo, A.; Cuomo, A.; Di Cristo, C., y Gragnaniello, G. (2011), «Progesterone induces activation in Octopus vulgaris spermatozoa», *Molecular Reproduction & Development,* 59(1), págs. 97-105.

33. El-Shahat, K.H., *et al*. (2018), «Effect of oviduct and follicular fluids on ram sperm capacitation and acrosome reaction in vitro», *International Journal of Veterinary Science and Medicine,* 6, págs. 57-62.

34. Inaba, K. (2003), «Molecular architecture of the sperm flagella: molecules for motility and signaling», *Zoological Science,* 20, págs. 1043-1056.

35. Los microtúbulos son estructuras celulares de las células eucariotas, formadas por polímeros proteicos y encargadas, entre otros procesos celulares, de generar la movilidad en los cilios y los flagelos.

36. Ho, H.C., y Suarez, S.S. (2001), «Hyperactivation of mammalian spermatozoa: function and regulation», *Reproduction,* 122, págs. 519-526.

37. Sandler, T.W. (2019), capítulo 3: «Primera semana del desarrollo: de la ovulación a la implantación», *Langman. Embriología Médica* (14.ª ed.), Lippincott Williams & Wilkins.

38. Yuan, S.; Wang, Z.; Peng. H.; Ward, S.M.; Hennig, G.W.; Zheng, H., y Yan, W. (2021), «Oviductal motile cilia are essential for oocyte pickup, but dispensable for sperm and embryo transport», *Proceedings of the National Academy of Sciences USA,* 118(22), pág. e2102940118.

39. Sinowatz, F.; Koelle, S., y Adolfo Palma, G. (2015), «Estructura y función de la zona pelúcida», *Biotecnología de la reproducción* (2.ª ed.), Reprobiotec, Mar del Plata.

40. Zimmerman, S.W.; Manandhar, G.; Yi, Y.-J.; Gupta, S.K.; Sutovsky, M.; Odhiambo, J.F.; Sutovsky, P.; Powell, M.D., y Miller, D. (2011), «Sperm Proteasomes Degrade Sperm Receptor on the Egg Zona Pellucida during Mammalian Fertilization», *PLoS ONE,* 6(2), pág. e17256.

41. Se considera etapa protoembrionaria a la que va desde la formación del cigoto tras la fecundación hasta que concluye la morfogénesis, esto es, hasta que el nuevo ser adquiere las tres hojas blastodérmicas fundamentales (ectodermo, endodermo y mesodermo). A partir de aquí, empieza la segunda etapa del desarrollo, denominada «organogénesis», en la que el embrión esbozará los primordios de los diferentes órganos que formarán los distintos sistemas. Los mamíferos, además, añadimos intrauterinamente la etapa fetal.

42. Se denomina «polispermia» al fenómeno por el cual más de un espermatozoide accede al interior del óvulo durante el proceso de fecundación.

43. Gutiérrez-Núñez, R., y Gutiérrez-Alarcón, B.M. (2018), «Fecundación Humana. Aspectos moleculares», *Multimed,* 22(6).

44. Tong, X.-H.; Xu, B.; Zhang, Y.-W.; Liu, Y.-S., y Ma, C.-H. (2014), «Research Resources: Comparative MicroRNA Profiles in Human Corona Radiata Cells and Cumulus Oophorus Cells Detected by Next-Generation Small RNA Sequencing», *PLoS ONE,* 9(9), pág. e106706.

45. Publicover, S., y Barratt, C. (2011), «Reproductive biology: Progesterone's gateway into sperm», *Nature,* 471(7338), págs. 313-314.

46. Gilbert, S.F. (2021), *Biología del desarrollo* (7.ª ed.), Panamericana.

47. Ibíd.

48. Litscher, E.S.; Williams, Z., y Wassarman, P.M. (2009), «Zona pellucida glycoprotein ZP3 and fertilization in mammals», *Molecular Reproduction and Development,* 76(10), págs. 933-941.

49. Han, L.; Monné, M.; Okumura, H.; Schwend, T.; Cherry, A.L.; Flot, D.; Matsuda, T., y Jovine, L. (2010), «Insights into egg coat assembly and egg-sperm interaction from the X-ray structure of full-length ZP3», *Cell,* 143(3), págs. 404-415.

50. Rawson, P.D.; Slaughter, C., y Yund, P.O. (2003), «Patterns of gamete incompatibility between the blue mussels *Mytilus edulis* and *M. trossulus», Marine Biology,* 143(2), págs. 317-325.

51. Larson, J.L., y Miller, D.J. (1999), «Simple histochemical stain for acrosomes on sperm from several species», *Molecular Reproduction & Development,* 52(4), págs. 445-449.

52. Tulsiani, D.R. (2006), «Glycan-modifying enzymes in luminal fluid of the mammalian epididymis: an overview of their potential role in sperm maturation», *Molecular and Cellular Endocrinology,* 250(1-2), págs. 58-65.

53. Gilbert, S.F. (2021), *Biología del desarrollo* (7.ª ed.), Panamericana.

54. Haley, S.A., y Wessel, G.M. (2004), «Sea urchin cortical granules regulated proteolysis by cortical granule serine protease 1 at fertilization», *Molecular Biology of the Cell,* 15(5), págs. 2084-2092.

55. Pakendorf, B., y Stoneking, M. (2005), «Mitochondrial DNA and human evolution», *Annual Review of Genomics and Human Genetics,* 6, págs. 165-183.

56. Sutovsky, P.; Moreno, R.D.; Ramalho-Santos, J.; Dominko, T.; Simerly, C., y Schatten, G. (2008), «Ubiquitinated sperm mitochondria, selective proteolysis, and the regulation of mitochondrial inheritance in mammalian embryos», *Biology of Reproduction,* 63(2), págs. 582-590.

57. Schwartz, M., y Vissing, J. (2003), «New patterns of inheritance in mitochondrial disease», *Biochemical and Byophysical Research Communications,* 310, págs. 247-251.

58. Molk, J.N.; Salmon, E.D., y Bloom, K. (2006), «Nuclear congression is driven by cytoplasmic microtubule plus end interactions in S. cerevisiae», *The Journal of Cell Biology,* 172(1), págs. 27-39.

59. Yamashita, A.; Fujita, Y., y Yamamoto, M. (2013), «Proper microtubule structure is vital for timely progression through meiosis in fission yeast», *PLoS ONE,* 8(6), pág. e65082.

60. Gibeaux, R.; Politi, A.Z.; Nédélec, F.; Antony, C., y Knop, M. (2013), «Spindle pole body-anchored Kar3 drives the nucleus along microtubules from another nucleus in preparation for nuclear fusion during yeast karyogamy», *Genes & Development,* 27(3), págs. 335-349.

3. *El modelado más fascinante*

1. Blastómero es el nombre que reciben las primeras células resultantes de las divisiones más iniciales del cigoto. Se disponen esféricamente formando una estructura maciza que recuerda a una mora, por lo que recibe el nombre de «mórula». Por cierto, la mórula, como antes el cigoto y, antes que él, el óvulo, sigue estando rodeada de la membrana pelúcida y de la corona radiada. En: Coticchio, G.; Lagalla, C.; Sturmey, R.; Pennetta, F., y Borini, A. (2019), «The enigmatic morula: mechanisms of development, cell fate determination, self-correction and implications for ART», *Human Reproduction Update,* 25(4), págs. 422-438.

2. Planck, M., y Hermann, A. (ed.) (1990), *Vom Wesen der Willensfreiheit und andere Vorträge* (Sobre la naturaleza del libre albedrío y otros documentos), Fischer, Frankfurt.

3. Gould, S.J. (2000), *Ciencia versus religión. Un falso conflicto,* Crítica, Barcelona.

4. Las mujeres tienen 23 pares de cromosomas autosómicos y un par de cromosomas sexuales de configuración XX (por tanto, son 46,XX), mientras que los hombres tienen los mismos pares autosómicos, pero el par sexual es de configuración XY (y, por lo tanto, son 46,XY).

5. No obstante, es importante señalar que, en un porcentaje muy pequeño de casos, nacen niños que son XX, mujeres que son XY, hermafroditas verdaderos (que tienen simultáneamente tejido ovárico y testicular) y pseudohermafroditas (con muchas variantes). En este capítulo me limitaré a explicar la condición mayoritaria y no desarrollaré estos casos excepcionales que sobrepasarían los objetivos del libro.

6. Por poner un ejemplo, en el síndrome de Swyer, los individuos son fenotípicamente femeninos, pero con ausencia de caracteres sexuales secundarios. Ello es debido a una mutación del gen Sry. Los genitales femeninos que poseen son vagina, útero y trompas de Falopio, pero los ovarios son inactivos. En: Michala, L., y Creighton, S.M. (2010), «The XY female», *Best Practice & Research Clinical Obstetrics and Gynaecology,* 24, págs. 139-148.

7. Hill, R.W.; Wyse, G.A., y Anderson, M. (2016), *Animal Physiology,* Panamericana.

8. Berta, P.; Hawkins, J.R.; Sinclair, A.H.; Taylor, A.; Griffiths, B.L.; Goodfellow, P.N., y Fellous, M. (1990), «Genetic evidence equating Sry and the testis-determining factor», *Nature,* 348(6300), págs. 448-450.

9. Pontiggia, A.; Rimini, R.; Harley, V.R.; Goodfellow, P.N.; Lovell-Badge, R., y Bianchi, M.E. (1994), «Sex-reversing mutations affect the architecture of SRY-DNA complexes», *The EMBO Journal,* 13, págs. 6115-6124.

10. Gilbert, S.F. (2005), *Biología del Desarrollo* (7.ª ed.), Panamericana.

11. Tommerup, N.; Schempp, W.; Meinecke, P.; Pedersen, S.; Bolund, L.; Brandt, C.; Goodpasture, C.; Guldberg, P.; Held, K.R., y Reinwein, H., *et al.* (1993), «Assignment of an autosomal sex reversal locus (SRA1) and campomelic dysplasia (CMPD1) to 17q24.3-q25.1», *Nature Genetics,* 4(2), págs. 170-174.

12. El gen *Sry* está en mamíferos marsupiales y placentados, pero no en los monotremas (ornitorrincos y equidnas).

13. Wallis, M.C.; Waters, P.D., y Graves, J.A. (2008), «Sex determination in mammals. Before and after the evolution of Sry», *Cellular and Molecular Life Sciencies,* 65(20), págs. 3182-3195.

14. Berta, P.; Hawkins, J.R., Sinclair, A.H.; Taylor, A.; Griffiths, B.L.; Goodfellow, P.N., y Fellous, M. (1990), «Genetic evidence equating Sry and the testis-determining factor», *Nature,* 348, págs. 448-450.

15. Después del «sexo cromosómico», se podría establecer un segundo nivel de diferenciación sexual con el «sexo gonadal». En: Hill, R.W.; Wyse, G.A., y Anderson, M. (2016), *Animal Physiology,* Panamericana.

16. La ley biogenética fundamental (o ley de la recapitulación) es una hipótesis según la cual la ontogenia recapitula la filogenia. Si bien no fue Ernst Haeckel el que la ideó, sí fue quien, en 1866, la expuso de un modo sistemático y la difundió ampliamente.

17. Esta es la base conceptual de la biología evolutiva del desarrollo (conocida como evo-devo, del inglés *evolutionary developmental biology),* un campo de la biología que compara el desarrollo embrionario de diferentes organismos con el fin de establecer sus relaciones de parentesco evolutivo. En: Hall, B.K. (2003), «Unlocking the Black Box between Genotype and Phenotype: Cells and Cell Condensations as Morphogenetic (modular) Units», *Biology & Philosophy,* 18, págs. 219-247.

18. De Andrés, V. (2022), «¿Por qué los humanos perdimos la cola?», *The Conversation (Ciencia y Tecnología).* https://theconversation.com/por-que-los-humanos-perdimos-la-cola-184614.

19. Sería la tercera categoría de sexos que tenemos, tras el cromosómico y el gonadal.

20. Falcone, T., y Hurd, W.W. (2007), *Clinical Reproductive Medicine and Surgery,* Elsevier Health Sciences.

21. Wolpert, L. (2009), *Principios del Desarrollo,* Panamericana.

22. La expresión de la AMH en el testículo fetal es regulada directamente por *SOx9, Sf1, Wt1* y *Dax1*.

23. Esta hormona es producida por las células de Sertoli del testículo fetal. En: Imbeaud, S.; Faure, E.; Lamarre, I.; Mattéi, M.G.; di Clemente, N.; Tizard, R., *et al.* (1995), «Insensitivity to anti-müllerian hormone due to

a mutation in the human anti-müllerian hormone receptor», *Nature Genetics,* 11(4), págs. 382-388.

24. La transcripción del gen de la hormona antimülleriana está regulada por el gen *Sox9,* que, a su vez, depende del factor de transcripción del gen *Sry*. En: Moniot, B.; Declosmenil, F.; Barrionuevo, F.; Scherer, G., *et al.* (2009), «The PGD2 pathway, independently of FGF9, amplifies Sox9 activity in Sertoli cells during male sexual differentiation», *Development,* 136(11), págs. 1813-1821.

25. La síntesis de la testosterona que producen las células de Sertoli está mediatizada por enzimas codificados por el gen *Sf1*. En: Shen, W.H.; Moore, C.C.; Ikeda, Y.; Parker, K.L., e Ingraham, H.A. (1994), «Nuclear receptor steroidogenic factor 1 regulates the Müllerian inhibiting substance gene: a link to the sex determination cascade», *Cell,* 77, págs. 651-661.

26. Aquí interviene otro gen, el *Dax1,* que parece tener una función antagónica a *Sry* y *Sox9*. En: Swain, A.; Narvaez, V.; Burgoyne, P.; Camerino, G., y Lovell-Badge, R. (1998), «*Dax1* antagonizes *Sry* action in mammalian sex determination», *Nature,* 391(6669), págs. 761-767.

27. Herrera, A.M., y Cohn, M.J. (2014), «Embryonic origin and compartmental organization of the external genitalia», *Scientific Reports,* 4, pág. 6896.

28. Moore, K.L.; Persaud, T.V.N., y Torchia, M.G. (2015); *The Developing Human: Clinically Oriented Embryology* (10.ª ed.), Elsevier Health Sciences, págs. 267-269.

29. Nishinakamura, R.; Kume, S.; Takahashi, S., y Yamada, G. (2014), «Sexually dimorphic expression of Mafb regulates masculinization of the embryonic urethral formation», *Proceedings of the National Academy of Sciences of the United Stated of America,* 111(46), págs. 16407-16412.

30. Hill, R.W.; Wyse, G.A., y Anderson, M. (2016), *Animal Physiology,* Panamericana.

31. El «sexo genital» sería la cuarta categoría sexual y la primera reconocible externamente.

32. Vallejo Orellana, R. (2002), «Karen Horney, una pionera de la ruptura con el modelo freudiano para explicar la psicología femenina y el desarrollo humano sano y neurótico», *Apuntes de Psicología,* 20(2).

33. Norrby, S.R. (1990), «Short-term treatment of uncomplicated lower urinary tract infections in women», *Reviews of Infectious Diseases,* 12, págs. 458-467.

4. La revolución de las hormonas

1. No hay que confundir el concepto de «pubertad» con el de «adolescencia». Con el primero se hace referencia al conjunto de cambios puramente biológicos que experimentan los cuerpos al adquirir la capacidad reproductora. Con el segundo se alude al periodo de transición psicológica y social entre la niñez y la vida adulta.

2. Recordemos que un instinto es el conjunto de habilidades adaptativas y complejas que no son el resultado del aprendizaje o la experiencia, sino que vienen heredados. Más información en Blumberg, M.S. (2017), «Desarrollo en evolución: Los orígenes y significados del instinto», *Wiley Interdisciplinary Reviews: Cognitive Science,* 8(1-2), pág. e1371.

3. https://es.wikipedia.org/wiki/Caracteres_sexuales_secundarios.

4. Marshall, W.A., y Tanner, J.M. (1970), «Variations in the pattern of pubertal changes in boys», *Archives of Disease in Childhood,* 45(239), págs. 13-23.

5. Nelson, D., y Cox, M. (2004), «Glycolysis, Gluconeogenesis and the Pentose Phosphate Pathway», en: *Lehningher Principles of Biochemistry,* Freeman.

6. El mol, o molécula-gramo, es la unidad con que se mide la cantidad de sustancia en el Sistema Internacional de Unidades promovido por la International Union of Pure and Applied Chemistry (IUPAC). En: *IUPAC Gold Book,* «IUPAC - mole (M03980)».

7. Ramsay, D.T.; Kent, J.C.; Hartmann, R.A., y Hartmann, P.E. (2005), «Anatomy of the lactating human breast redefined with ultrasound imaging», *Journal of Anatomy,* 206(6), págs. 525-534.

8. No obstante, la evidencia fósil indica que algunos terápsidos del Triásico (hace más de 200 millones de años) ya tenían capacidad de generar una secreción rica en nutrientes similar a la leche. En: Oftedal, O.T. (2002), «The mammary gland and its origin during synapsid evolution», *Journal of Mammary Gland Biology and Neoplasia,* 7, págs. 225-252.

9. Las glándulas apocrinas son un tipo especial de glándulas exocrinas (esto es, que secretan sus productos a través de un conducto excretor) que, al liberar su producto de secreción, pierden una parte pequeña del citoplasma celular.

10. Elston, W.D.; James, T.G., y Berger, D.M. (2006), *Andrews' Diseases of the Skin: Clinical Dermatology* (10.ª ed.), Saunders Elsevier, Filadelfia, pág. 7.

11. Oftedal, O.T. (2002), «The origin of lactation as a water source for parchment-shelled eggs», *Journal of Mammary Gland Biology and Neoplasia,* 7(3), págs. 253-266.

12. Incluidas una butirofilina ancestral y una xantina oxidorreductasa.

13. Derivada de una c-lisozima ancestral que perdió sus funciones líticas.

14. La β-lactoglobulina, muy posiblemente, derivó de una lipocalina ancestral y una proteína ácida central de cuatro puentes disulfuro.

15. Palou, M.; Picó, C., y Palou, A. (2018), «Leptin as a breast milk component for the prevention of obesity», *Nutrition Reviews,* 76(12), págs. 875-892.

16. Kim, S.Y., y Yi, D.Y. (2020), «Components of human breast milk: from macronutrient to microbiome and microRNA», *Clinical and Experimental Pediatrics,* 63(8), págs. 301-309.

17. Oftedal, Olav T. (2012), «The evolution of milk secretion and its ancient origins», *Animal* 6(3), págs. 355-368.

18. En anatomía, se emplea el término «acino» para referirse a cada uno de los pequeños sacos que, a modo de uvas de un racimo, constituyen una estructura glandular. Además de las glándulas mamarias, encontramos acinos en las glándulas salivales.

5. La pesadilla de la menstruación

1. Alarcon-Nivia, M.A. (2005), «Algunas consideraciones antropológicas y religiosas alrededor de la menstruación», *Revista Colombiana de Obstetricia y Ginecología,* 56(1), págs. 35-45.

2. Beauvoir, S. (2002), *El segundo sexo,* Sudamericana, Buenos Aires.

3. Dobzhansky, T. (1973), «Nothing in Biology Makes Sense Except in the Light of Evolution», *The American Biology Teacher,* 35(3), págs. 125-129.

4. Hill, R.W.; Wyse, G.A., y Anderson, M. (2016), *Animal Physiology,* Panamericana.

5. Simón, C.; Horcajadas, J.; Garcia-Velasco, J., y Pellicer, A. (2009), *El Endometrio Humano: Desde la investigación a la clínica,* Panamericana.

6. Maybin, J.A., y Critchley, H.O.D. (2011), «Progesterone: a pivotal hormone at menstruation», en: Guller, S.; Bulletti, C., y DeZiegler, D. (eds.), *Reproductive Science,* Blackwell Science Publishing, Oxford.

7. En esta reacción inflamatoria intervienen, en una primera fase, citoquinas, quimiocinas, ligandos de quimiocinas y moléculas de adhesión. En una segunda fase entrarían leucocitos que liberarían metaloproteinasas que provocarían la degradación del tejido a expulsar. En: Evans, J., y Salamonsen, L.A. (2014), «Decidualized human endometrial stromal cells are sensors of hormone withdrawal in the menstrual inflammatory cascade», *Biology of Reproduction,* 90(1).

8. Martin, R.D. (2007), «The evolution of human reproduction: a primatological perspective», *Yearbook of Physical Anthropology,* 50, págs. 59-84.

9. Catalini, L., y Fedder, J. (2020), «Characteristics of the endometrium in menstruating species: lessons learned from the animal kingdom», *Biology of Reproduction,* 102(6), págs. 1160-1169.

10. Finn, C.A. (1996), «Why do women menstruate? Historical and evolutionary review», *European Journal of Obstetrics & Gynecology and Reproductive Biology,* 70, págs. 3-8.

11. Profet, M. (1993), «Menstruation as a defense against pathogens transported by sperm», *The Quarterly Review of Biology,* 68(3), págs. 335-386.

12. Strassmann, B.I. (1996), «The evolution of endometrial cycles and menstruation», *The Quarterly Review of Biology,* 71(2), págs. 181-220.

13. Finn, C.A. (1994), «The adaptive significance of menstruation: The meaning of menstruation», *Human Reproduction,* 9(7), págs. 1202-1204.

14. Finn, C.A. (1998), «Menstruation: a nonadaptive consequence of uterine evolution», *The Quarterly Review of Biology,* 73, págs. 163-173.

15. La morbilidad es un estado enfermo, de discapacidad, o mala salud debido a cualquier causa. En: (2007), *Dorland's Medical Dictionary for Health Consumers,* Elsevier.

16. Emera, D.; Romero, R., y Wagner, G. (2012), «The evolution of menstruation: a new model for genetic assimilation: explaining molecular origins of maternal responses to fetal invasiveness», *Bioessays,* 34(1), págs. 26-35.

17. Jarrel, J. (2018), «The significance and evolution of menstruation», *Best Practice and Research Clinical Obstetrics and Gynaecology,* 50, págs. 18-26.

18. Wooding, P., y Burton, G. (2008), *Comparative Placentation: Structures, Functions and Evolution,* Springer, Berlín.

19. «ACOG Practice Bulletin No. 110: noncontraceptive uses of hormonal contraceptives», *Obstetrics & Gynecology,* enero de 2010, 115(1), págs. 206-218.

20. Una *gap junction* (también llamada unión *gap* o unión estrecha) está formada por dos hemicanales insertos en puntos de acercamiento entre dos células contiguas y alineados con precisión, de manera que la luz de uno se continúa con la del otro. Las uniones *gap,* formadas por oligómeros de seis proteínas intrínsecas de membrana, llamadas conexinas, requieren que las membranas de las células contiguas se aproximen, quedando el espacio intersticial entre ellas reducido a 2 nm, en lugar de los 25 nm habituales.

21. Von Rango, U.; Krusche, C.A.; Kertschanska, S., y Alfer, J. (2003), «Apoptosis of extravillous trophoblast cells limits the trophoblast invasion

in uterine but not in tubal pregnancy during first trimester», *Placenta,* 24, págs. 929-940.

22. Haig, D. (1993), «Genetic conflicts in human pregnancy», *Quarterly Review of Biology,* 68, págs. 495-532.

23. Norris, D., y Carr, J.A. (2013), *Vertebrate Endocrinology* (5.ª ed.), Elsevier, Ámsterdam.

24. Nishiwaki-Ohkawa, T., y Yoshimura, T. (2016), «Molecular basis for regulating seasonal reproduction in vertebrates», *Journal of Endocrinology,* 229(3), págs. 117-127.

25. Ansel, L.; Bentsen, A.H.; Ancel, C.; Bolborea, M.; Klosen, P.; Mikkelsen, J.D., y Simonneaux, V. (2011), «Peripheral kisspeptin reverses short photoperiod-induced gonadal regression in Syrian hamsters by promoting GnRH release», *Reproduction,* 142, págs. 417-425.

26. En animales como los gatos, los conejos, los visones o los dromedarios, la misma estimulación física del cuello del útero desencadena señales neurohormonales que inducen la secreción brusca de LH (hormona luteinizante), lo que produce la ovulación. Si no hay apareamiento, no hay ovulación. En: Hill, R.W.; Wyse, G.A., y Anderson, M. (2016), *Animal Physiology,* Panamericana.

27. Wooding, P., y Burton, G. (2008), «Comparative placentation: structures, functions and evolution», Springer, Berlín.

28. Emera, D.; Romero, R., y Wagner, G. (2012), «The evolution of menstruation: a new model for genetic assimilation: explaining molecular origins of maternal responses to fetal invasiveness», *Bioessays,* 34(1), págs. 26-35.

29. Ibíd.

30. Teklenburg, G.; Salker, M.; Molokhia, M., y Lavery, S. (2020), «Natural selection of human embryos: decidualizing endometrial stromal cells serve as sensors of embryo quality upon implantation», *PLoS One,* pág. 5e10258.

31. Este cambio en la biología reproductiva, que habría tenido lugar en simios ancestrales de los cuales derivarían los simios actuales y las diferentes especies humanas que ha tenido nuestro planeta, no sería un hecho aislado. Además de estar ligado con el origen de la menstruación, también lo estaría con el desarrollo de un útero unicameral, la relajación del control hormonal de la reproducción, la consolidación de los hábitos diurnos (incluido el desarrollo de la visión del color) o el aumento significativo del tamaño del cerebro. Hace algún tiempo se propuso explícitamente que la relativa emancipación del control hormonal de la reproducción en los primates simios iba de la mano de una mayor sofisticación del comportamiento (Beach [1947], «Evolutionary changes in physiological control of mating behavior in mam-

mals», *Psychological Review,* 54, págs. 297-315), que a su vez se conectaría con el aumento del tamaño del cerebro. Es muy probable que la mayoría o todos estos rasgos ancestrales simios inferidos estén interconectados. En: Martin, R.D. (2007), «The evolution of human reproduction: a primatological perspective», *Yearbook of Physical Anthropology,* 50, págs. 59-84.

32. Aunque la separación entre simios y prosimios no se mantiene en las taxonomías actuales, sí que se sigue hablando de prosimios para referirse coloquialmente al conjunto formado por lémures, loris y tarseros.

33. Martin, R.D. (2007), «The evolution of human reproduction: a primatological perspective», *Yearbook of Physical Anthropololgy,* 50, págs. 59-84.

6. La problemática de los penes

1. Patterson, B.D., y Thaeler, C.S. (1982), «The mammalian baculum: hypotheses on the nature of bacular variability», *Journal of Mammalogy,* 63, págs. 1-15.

2. Retzler, K. (2019), «Erectile Dysfunction: A Review of Comprehensive Treatment Options for Optimal Outcome», *Journal of Restorative Medicine.*

3. Sadeghipour, H.; Ghasemi, M.; Ebrahimi, F., y Dehpour, A.R. (2007), «Effect of lithium on endothelium-dependent and neurogenic relaxation of rat corpus cavernosum: role of nitric oxide pathway», *Nitric Oxide,* 16(1), págs. 54-63.

4. Ramage, M. (1998), «ABC of sexual problems: management of sexual problems», *BMJ,* 317(7171), págs. 1509-1512.

5. Dixson, A.F. (1987), «Observations on the evolution of the genitalia and copulatory behaviour in male primates», *Journal of Zoology,* 213, págs. 423-443.

6. Brindle, M., y Opie, C. (2016), «Postcopulatory sexual selection influences baculum evolution in primates and carnivores», *Proceedings of the Royal Society. Biological Sciences,* 283(1844), pág. 20161736.

7. Simmons, L.W., y Firman, RC. (2014), «Experimental evidence for the evolution of the mammalian baculum by sexual selection», *Evolution,* 68(1), págs. 276-283.

8. Brindle, M., y Opie, C. (2016), «Postcopulatory sexual selection influences baculum evolution in primates and carnivores», *Proceedings of the Royal Society. Biological Sciences,* 283(1844), pág. 20161736.

9. McLean, C.; Reno, P., y Pollen, A., *et al.* (2011), «Human-specific loss of regulatory DNA and the evolution of human-specific traits», *Nature,* 471, págs. 216-219.

7. El asombro del embarazo

1. Taxón al que pertenecen los tiburones, las rayas y los torpedos.

2. Hickman, C.P.; Keen, S.; Eisenhour, D.J.; Larson, A., y l'Anson, H. (2021), *Principios integrales de zoología* (18.ª ed.). McGraw-Hill-Education.

3. Mora, C.; Tittensor, D.P.; Adl, S.; Simpson, A.G., y Worm, B. (2011), «How many species are there on Earth and in the ocean?», *PLoS Biology,* 9(8), pág. e1001127.

4. Posiblemente este dato sea actualmente mucho más llamativo, dado que la última estimación se hizo en 2011 y el ritmo de descripción de invertebrados se incrementa cada año de forma exponencial.

5. https://dle.rae.es/normal.

6. Minelli, A. (2009), «The Larva», en: *Perspectives in Animal Phylogeny and Evolution,* Oxford University Press, Oxford.

7. Luo, Zhe Xi; Yuan, Chong-Xi; Meng, Qing-Jin, y Ji, Qiang (2011), «A Jurassic eutherian mammal and divergence of marsupials and placentals», *Nature,* 476, págs. 442-445.

8. Hickman, C.P.; Keen, S.; Eisenhour, D.J.; Larson, A., y l'Anson, H. (2021), *Principios integrales de zoología* (18.ª ed.), McGraw-Hill-Education.

9. De Andrés, V. (2022), «El diagnóstico prenatal: una cuestión de huevos... reptilianos», *The Conversation (Medicina y Salud).* Disponible en https://theconversation.com/por-que-los-humanos-perdimos-la-cola-184614.

10. Lo hace mediante factores de crecimiento, citoquinas, leucocitos uterinos y una determinada tensión de oxígeno. En: Milstone, D.S.; Redline, R.W.; O'Donnell, P.E.; Davis, V.M., y Stavrakis, G. (2000), «E-selectin expression and function in a unique placental trophoblast population at the fetal-maternal interface: regulation by a trophoblast-restricted transcriptional mechanism conserved between humans and mice», *Dev Dyn,* 219(1), págs. 63-76.

11. Boss, A.L.; Chamley, L.W., y James, J.L. (2018), «Placental formation in early pregnancy: how is the centre of the placenta made?», *Human Reproduction Update,* 24(6), págs. 750-760.

12. Simpson, S.; Smith, L., y Bowe, J. (2018), «Placental peptides regulating islet adaptation to pregnancy: clinical potential in gestational diabetes mellitus», *Current Opinion in Pharmacology,* 43, págs. 59-65.

13. McLellan, A.S.; Zimmermann, W., y Moore, T. (2005), «Conservation of pregnancy-specific glycoprotein (PSG) N domains following independent expansions of the gene families in rodents and primates», *BMC Evolutionary Biology,* 5, pág. 39.

14. Los fármacos con pesos moleculares por debajo de 1000 (la mayoría tienen menos de 600) cruzan con facilidad la barrera placentaria. En: Shanks, A. (2015), «Drugs in Pregnancy and Lactation: A Reference Guide to Fetal and Neonatal Risk» (10.ª ed.), *American Journal of Health-System Pharmacy,* 72(14), págs. 1239-1240.

15. Cross, J.; Nakano, H.; Natale, D.; Simmons, D., y Watson, E. (2006), «Branching morphogenesis during development of placental villi», *Differentiation,* 74, págs. 393-401.

16. La preeclampsia, preeclampsia toxemia o hipertensión proteinúrica inducida por el embarazo es un síndrome consistente en la aparición de hipertensión arterial después de la vigésima semana de gestación y en la presencia de niveles elevados de proteína en la orina (proteinuria).

17. Kalisch-Smith, J.I.; Simmons, D.G.; Dickinson, H., y Moritz, K.M. (2017), «Sexual dimorphism in the formation, function and adaptation of the placenta», *Placenta,* 54, págs. 10-16.

8. La encrucijada del parto

1. Dattani, S.; Spooner, F.; Ritchie, H., y Roser, M. (2023), *Causes of Death,* OurWorldInData.

2. Organización Mundial de la Salud (2006), *Neonatal and Perinatal Mortality: Country, Regional and Global Estimates,* Ginebra.

3. La homeostasis es una forma de equilibrio dinámico consistente en una red de sistemas de control retroalimentados que autorregulan las variables físicas de los seres vivos.

4. Disponible en https://acesse.dev/cTxk6.

5. Finlay, B.L. (2019), «The neuroscience of vision and pain: evolution of two disciplines», *Philosophical Transactions of the Royal Society B,* 374, pág. 20190292.

6. Este proceso está mediatizado por un neuropéptido denominado sustancia P.

7. Algunos tratados hipocráticos han sido traducidos al inglés por Francis Adams y están disponibles en: https://acesse.dev/mpbp2.

8. Fernández-Salazar, M. (2014), «Cortical plasticity related to chronic pain in a continuous interaction of neuronal and mental processes», *Cognitive Critique,* 8.

9. Los noniceptores se concentran, fundamentalmente en piel, vísceras, vasos sanguíneos, músculo, fascias, tejido conectivo, periostio y meninges. Los demás tejidos corporales apenas cuentan con terminaciones nociceptivas.

10. Pasero, C., y McCaffery, M. (2011), *Pain Assessment and Pharmacologic Management,* Mosby-Elsevier.

11. Price, D.D. (2002), «Central neural mechanisms that interrelate sensory and affective dimensions of pain», *Molecular Interventions,* 2(6), págs. 392-403, 339.

12. De Andrés, V. (2023), «¿Por qué es tan doloroso el parto?», *The Conversation (Medicina y Salud).* Disponible en https://theconversation.com/por-que-es-tan-doloroso-el-parto-200296.

13. Rad, A. (2022), *Carpometacarpal (CMC) joints.* kenhub.com.

14. La osificación endocondral es uno de los procesos en el desarrollo del sistema esquelético en los fetos que concluye con la producción del tejido óseo a partir del tejido cartilaginoso. Los huesos endocondrales, durante el desarrollo embrionario, son estructuras de cartílago hialino que va siendo progresivamente reemplazado por tejido óseo desde el interior hacia el exterior (en contraposición a la pericondrial, que va desde el exterior o pericondrio hacia el interior).

15. Wells, J.C.; DeSilva, J.M., y Stock, J.T. (2012), «The obstetric dilemma: an ancient game of Russian roulette, or a variable dilemma sensitive to ecology?», *American Journal of Physical Anthropology,* 149 Suppl 55, págs. 40-71.

16. Zihlman, A.L. (2001), «In memoriam: Sherwood Washburn, 1911-2000», *American Journal of Physical Anthropology,* 116, págs. 181-183.

17. Wittman, A.B., y Wall, L.L. (2007), «The evolutionary origins of obstructed labor: bipedalism, encephalization, and the human obstetric dilema», *Obstetrical & Gynecological Survey,* 62, págs. 739-748.

18. Martin, R.D. (1983), *Human brain evolution in an ecological context (52nd James Arthur lecture on the evolution of the human brain),* Nueva York, American Museum of Natural History. Disponible en abierto.

19. Aunque parece ser que en las poblaciones contemporáneas, donde la obesidad materna y especialmente las dietas con un índice glucémico alto pueden estar introduciendo un nuevo factor de complicación, están aumentando el riesgo de recién nacidos macrosómicos. En: Wells, J.C.; DeSilva, J.M., y Stock, J.T. (2012), «The obstetric dilemma: an ancient game of Russian roulette, or a variable dilemma sensitive to ecology?», *American Journal of Physical Anthropology,* 149 Suppl 55, págs. 40-71.

20. Isler, K., y van Schaik, C. (2012), «Allomaternal care, life history, and brain size evolution in mammals», *Journal of Human Evolution,* 63, págs. 52-63.

21. Goldsmith, L.T., y Weiss, G. (2009), «Relaxin in Human Pregnancy», *Annals of the New York Academy of Sciences,* 1160, págs. 130-135.

22. Mookerjee, I.; Solly, N.R.; Royce, S.G.; Tregear, G.W.; Samuel,

C.S., y Tang, M.L. (2006), «Endogenous relaxin regulates collagen deposition in an animal model of allergic airway disease», *Endocrinology,* 147(2), págs. 754-761.

9. *La lactancia y otras atenciones*

1. Royle, N.J.; Smiseth, P.T., y Kölliker, M. (2013), *The Evolution of Parental Care,* Oxford Academic, Oxford.

2. Este término se utilizará solo en la versión propuesta por Trivers (1972), que lo restringe a su vertiente biológica/evolutiva. Se omitirá, por lo tanto, la propuesta de Becker (1993), *A Treatise on the Family,* Harvard Univ., que lo centra en la economía, o la desarrollada por Hertwing, Davis y Sulloway (2002), «Parental investment: how an equity motive can produce inequality», *Psychological Bulletin,* 128(5), págs. 728-745, que se extiende a aspectos más psicológicos.

3. Gilbert, J.D., y Manica, A. (2015), «The evolution of parental care in insects: A test of current hypotheses», *Evolution,* 69(5), págs. 1255-1270.

4. Martin, R.D. (2007), «The evolution of human reproduction: a primatological perspective», *Yearbook of Physical Anthropology,* 50, págs. 59-84.

5. Gilbert, J. (2012), *Reproductive Allocation in Animals,* Oxford Bibliographies.

6. Wittman, A.B., y Wall, L.L. (2007), «The Evolutionary Origins of Obstructed Labor: Bipedalism, Encephalization, and the Human Obstetric Dilemma», *Obstetrical & Gynecological Survey,* 62(11), pág. 739.

7. Rosenberg, K., y Trevathan, W. (2003), «Birth, obstetrics and human evolution», *An International Journal of Obstetrics and Gynaecology,* 109(11), págs. 1199-1206.

8. Trevathan, W. (2011), *Human Birth: An Evolutionary Perspective,* Aldine Transaction.

9. Rosenberg, K., y Trevathan, W. (2005), «Bipedalism and human birth: The obstetrical dilemma revisited», *Evolutionary Anthropology: Issues, News, and Reviews,* 4(5), pág. 161.

10. Dunsworth, H.M.; Warrener, A.G.; Deacon, T.; Ellison, P.T., y Pontzer, H. (2012), «Metabolic hypothesis for human altriciality», *Proceedings of the National Academy of Sciences,* 109(38), pág. 15212.

11. Gould, S.J. (2010), *Ontogenia y filogenia: la ley fundamental biogenética,* Crítica, Barcelona.

12. Ibíd.

13. La ßHCG es la hormona gonadotropina coriónica que se detecta en las pruebas de embarazo convencionales.

14. Ramsey, D.T.; Kent, J.C.; Hartmann, R.A., y Hartmann, P.E. (2005), «Anatomy of the lactating human breast redefined with ultrasound imaging», *Journal of Anatomy,* 206(6), págs. 525-534.

15. Hill, R.W.; Wyse, G.A., y Anderson, M. (2006), *Fisiología animal,* Panamericana.

16. deCarvalho, M.; Anderson, D.M.; Giangreco, A., y Pittard, W.B. (1985); «Frequency of milk expression and milk production by mothers of nonnursing premature neonates», *American Journal of Diseases of Children,* 139(5), págs. 483-485.

17. Hill, R.W.; Wyse, G.A., y Anderson, M. (2006), *Fisiología animal,* Panamericana.

18. Samperi, I.; Lithgow, K., y Karavitaki, N. (2019), «Hyperprolactinaemia», *Journal of Clinical Medicine,* 8(12), pág. 2203.

19. Zak, P.J.; Stanton, A.A., y Ahmadi, S. (2007), «Oxytocin increases generosity in humans», *PLoS One,* 2(11), pág. e1128.

20. Keverne, E.B., y Kendrick, K.M. (1994), «Maternal behaviour in sheep and its neuroendocrine regulation», *Acta Paediatrica* (Oslo, Noruega, 1992), Suppl 397, págs. 47-56.

21. Purves, D.; Augustine, G.J.; Fitzpatrick, D.; Hall, W.C.: LaMantia, A.S.; McNamara, J.O., y White, L.E. (2016), *Neurociencia* (5.ª ed.), Panamericana.

22. Meaney, M.J., y Szyf, M. (2005), «Maternal care as a model for experience-dependent chromatin plasticity?», *Trends in Neurosciences,* 28(9), págs. 456-463.

23. Meaney, M.J. (2001), «Maternal care, gene expression, and the transmission of individual differences in stress reactivity across generations», *Annual Review of Neuroscience,* 24, págs. 1161-1192.

24. Ibíd.

25. Oftedal, O.T., y Dhouailly, D. (2013), «Evo-devo of the mammary gland», *Journal of Mammary Gland Biology and Neoplasia,* 18(2), págs. 105-120.

26. Horseman, N.D., y Buntin, J.D. (1995), «Regulation of pigeon cropmilk secretion and parental behaviors by prolactin», *Annual Review of Nutrition,* 15, págs. 213-238.

27. El útero de este díptero, aunque reciba la misma denominación, no es homólogo al útero de las hembras de mamífero.

28. Attardo, G.M.; Lohs, C.; Heddi, A.; Alam, U.H.: Yildirim, S., y Aksoy, S. (2008), «Analysis of milk gland structure and function in Glossina morsitans: Milk protein production, symbiont populations and fecundity», *Journal of Insect Physiology,* 54(8), págs. 1236-1242.

29. Kenny, C.; Shashikant, J.; Toong, L.; Shu-Chien, J., y Chong, A.

(2006), «Proteomics profiling of epidermal mucus secretion of a cichlid (Symphysodon aequifasciata) demonstrating parental care behavior», *Proteomics,* 6(7), págs. 2251-2258.

30. De Andrés, V. (2020), «Bésame (cuando la COVID-19 lo permita)», *The Conversation (Medicina y Salud).* Disponible en https://theconversation.com/besame-cuando-la-covid-19-lo-permita-147488.

10. El reloj inmisericorde

1. Te Velde, E.R., y Pearson, P.L. (2002), «The variability of female reproductive ageing», *Human Reproduction Update,* 8(2), págs. 141-154.

2. Nikolaou, D., y Templeton, A. (2003), «Early ovarian ageing: a hypothesis: Detection and clinical relevance», *Human Reproduction,* 18(6), págs. 1137-1139.

3. Hill, R.W.; Wyse, G.A., y Anderson, M. (2016), *Animal Physiology,* Panamericana.

4. La edad materna avanzada implica la degeneración o degradación del huso mitótico que se forma en las divisiones meióticas del ovocito para generar el óvulo. La consecuencia más común es la no-disyunción de cromosomas homólogos.

5. En genética, un aneuploide es un individuo cuyo número de cromosomas difiere del tipo silvestre o euploide y siempre se asocia con una deficiencia en el desarrollo físico, mental o ambos. La incorporación de dos cromosomas homólogos juntos en un mismo gameto durante la meiosis, en lugar de separarse, generará gametos con un cromosoma menos o uno más. Al fecundarse con el gameto del otro sexo dará lugar a trisomías o a monosomías, respectivamente. Estas aneuploidías se pueden dar también en la formación de los espermatozoides.

6. Kuliev, A.; Cieslak, J., y Verlinsky, Y. (2005), «Frequency and distribution of chromosome abnormalities in human oocytes», *Cytogenetics and Genome Research,* 111(3-4), págs. 193-198.

7. Leridon, H. (2006), «Demographic effects of the introduction of steroid contraception in developed countries», *Human Reproduction Update,* 12, págs. 603-616.

8. Broekmans, F.J.; Soules, M.R., y Fauser, B.C. (2009), «Ovarian Aging: Mechanisms and Clinical Consequences», *Endocrine Reviews,* 30(5), págs. 465-493.

9. van Noord-Zaadstra, B.M.; Looman, C.W.; Alsbach, H.; Habbema, J.D.; te Velde, E.R., y Karbaat, J. (1991), «Delaying childbearing: effect of age on fecundity and outcome of pregnancy», *BMJ,* 302(6789), págs. 1361-1365.

10. Se denomina diplotene (o diploteno o diplonema) a la cuarta subfase de la profase I de la división celular meiótica, y se distingue por la separación de las cromátidas de los cromosomas homólogos. Durante esta subfase, se pueden observar los quiasmas (zonas de los cromosomas donde ha tenido lugar una recombinación genética).

11. Nelson, H.D. (2008), «Menopause», *The Lancet,* 371(9614), págs. 760-770.

12. Jara Albarrán, A. (2011), *Endocrinología,* Panamericana.

13. Hawkes, K. (2003), «Grandmothers and the evolution of human longevity», *American Journal of Human Biology,* 15(3), págs. 380-400.

14. Pavard, S.; Metcalf, C.J.E., y Heyer, E. (2008), «Senescence of reproduction may explain adaptive menopause in humans: A test of the "mother" hypothesis», *American Journal of Physical Anthropology,* 136(2), págs. 194-203.

15. Engelhardt, S.C.; Bergeron, P.; Gagnon, A.; Dillon, L., y Pelletier, F. (2019), «Using geographic distance as a potential proxy for help in the assessment of the grandmother hypothesis», *Current Biology,* 29, págs. 651-656.

16. Nattrass, S.; Croft, D.P.; Ellis, S.; Cant, M.A., *et al.* (2019), «Postreproductive killer whale grandmothers improve the survival of their grandoffspring», *Proceedings of the National Academy of Sciences USA,* 116(52), págs. 26669-26673.

11. No nos confundamos

1. Blackwelder, R.E., y Garoian, G.S. (1986), *CRC Handbook of Animal Diversity,* CRC Press.

2. De Andrés, V. (2020), «No tenemos ni idea de sexo», *The Conversation (Ciencia y Tecnología).* https://theconversation.com/no-tenemos-ni-idea-de-sexo-142501.

3. La presencia de individuos asexuados o hermafroditas es absolutamente excepcional en nuestra especie y su aparición ocasional es estadísticamente irrelevante. Los individuos hermafroditas pueden presentar dos gónadas mixtas (llamadas ovotestis), es decir, gónadas con tejido testicular y ovárico a la vez, o incluso un ovario y un testículo. Actualmente, y por utilizar eufemismos más aceptados socialmente, algunos autores hablan de desarrollo sexual diferente (DSD) ovotesticular. En: Guzzo, T.J.; Kovell, R.C.; Ziemba, J.B.; Weiss, D.A., y Wein, A.J. (2023), *Penn Clinical Manual of Urology* (3.ª ed.), Elsevier.

4. Las excepciones las constituyen algunas personas que sufren una

anomalía denominada quimerismo. Se trata de una excepción en el desarrollo embrionario simultáneo de dos cigotos mellizos que, por causas desconocidas, se fusionan en uno solo. El ser vivo resultante poseerá dos tipos de células diferentes, cada una con su propia constitución genética. Si la persona-quimera es el resultado de una fusión entre un cigoto XX y otro XY, desde el punto de vista del sexo cromosómico esa persona será hermafrodita.

5. Kinoshita, M. (2011), «Cellular, molecular, genomics, and biomedical approaches | Germ Cell Migration and Trans Sex», *Encyclopedia of Fish Physiology,* 3, págs. 2046-2054.

6. Reinboth, R. (1988), «Physiological problems of teleost ambisexuality», *Environmental Biology of Fishes,* 22, págs. 249-259.

7. Warner, R.R., y Swearer, S.E. (1991), «Social control of sex change in the bluehead wrasse. Thalassoma bifasciatum (Pisces: Labridae)», *Biological Bulletin,* 181, págs. 199-204.

8. Gemmell, Neil J., *et al.* (2019), «Natural sex change in fish», *Current Topics in Developmental Biology,* 134, págs. 71-117.

9. Esta área de trabajo generaría material para un nuevo libro, circunstancia que la autora no descarta para un futuro.

10. Organización Mundial de la Salud (2013), «What do we mean by "sex" and "gender"», *Gender, Women and Health.*

Epílogo

1. Pronin, E.; Glovich, T., y Ross, L. (2004), «Objectivity in the eye of the beholder: Divergent perceptions of bias in self versus others», *Psychological Review,* 3, págs. 781-799.

2. Aristóteles, *Ética a Nicómaco* (2001), introducción, traducción y notas de José Luis Calvo, Alianza, Madrid.

AGRADECIMIENTOS

Me cuesta mucho redactar este capítulo y no precisamente porque no me guste agradecer.

Todo lo contrario.

Tener una oportunidad de demostrarles a las personas que te quieren y te ayudan que te sientes afortunada de tenerlas a tu alrededor, es una circunstancia mucho más que agradable.

Mis reticencias vienen del temor al olvido. Que se me pase mencionar a alguien al que no solo sea de justicia el reconocimiento, sino que me apetezca especialmente decirle gracias, me aterra. El que ese alguien se me enfade, ofenda o moleste lo considero altamente improbable porque las personas que me rodean son, en general, bienintencionadas, generosas y, como decía Machado, en el buen sentido de la palabra, buenas. Pero todos tenemos derecho a un mal día y, si coincide el suyo con el momento de lectura de este capítulo, ya la hemos fastidiado.

¿Cómo salvo esta tesitura?

Haciendo, en primer lugar, un agradecimiento a todos los que, de una u otra manera, han contribuido a que este libro sea una realidad.

La manera de comunicar los resultados de la investigación científica es bastante organizada. Investigas, tienes resultados, decides qué revista puede ser la más indicada para publicar tus conclusiones, y mandas el *paper* en un aséptico e impecable lenguaje científico. Si todo va bien, te lo publican, y así, vas avanzando en tu trayectoria. Pero son datos atados, comprobados, objetivos y dirigidos a un público hiperespecializado dentro de tu área de conocimiento. Es decir, si eres concienzudo y metódico, no hay lugar a la incertidumbre. Todo es muy previsible.

Escribir para el gran público es otra historia, una historia muy diferente. Aquí intervienen otro tipo de factores de efectos difícilmente pronosticables. Saber si les interesa a los lectores lo que les estás contando, si les gusta tu estilo particular de escribir y si las connotaciones subjetivas que tiene tu narrativa, por muy divulgación científica que sea, son acertadas, es una tarea tan llena de circunstancias completamente fuera de tu control, que te da un vértigo tremendo.

Las consecuencias de todo ello es que mis inseguridades, como escritora novel, han sido monumentales. El terror inicial, presente en el primer artículo divulgativo que publiqué en 2020 con motivo de la pandemia por el SARS-CoV-2, se ha ido atenuando (que no desapareciendo) en estos cuatro años de auténtico deleite de creación literaria. A vencerlo han contribuido, de forma impagable, todos los que me han leído, los que me han enriquecido con sus comentarios, los que me han animado a seguir por esta línea y los que han creído en mi potencial para dar el salto a esta aventura en forma de libro. Son muchos, de muchos entornos distintos y de diecinueve países (que yo tenga constancia fidedigna). A todos ellos, mil gracias. No sabéis la fuerza que da el saber que las horas que paso escribiendo ayudan, entretienen, enseñan o, simplemente, son consideradas una manera agradable de acompañar un rato de tranquilidad, reflexión y sosiego. Como lectora empedernida que soy, me hace feliz pensar que el placer que experimento leyendo puedo ser capaz de generarlo en mis propios lectores. Es para mí un sentimiento nuevo que me hace sentir fenomenal y que agradezco profundamente. La suerte de que esta editorial haya apostado por mí, directamente y sin manuscrito previo, ha sido la guinda (hasta ahora) en la espiral ascendente de mi bienestar como escritora que asoma la nariz a este nuevo y recién estrenado universo.

En segundo lugar, y pasando a un nivel más cercano, quiero dar unas gracias muy especiales a todos los amigos que, a través fundamentalmente de mis grupos de WhatsApp, me han animado continuamente a seguir por este camino. Especialmente destaco a mis amigos literarios de Entrelíneas, a los incondicionales de La Gran Belleza, a las impagables Chicas de los Medici, a los cocos de *I Love Sophia,* a los variopintos y estupendos familiares (directos y políticos), a mis compañeros (docentes y exalumnos) del Máster de Biología Evolutiva UMA, a los inquietos intelectuales de *Nereo* y de *Creatividad y Evolución,* a mis compañeros de Departamento de Biología Animal y a todos los colegas de la UMA que me pararon por los pasillos para animarme con el libro, a mis compañeros de Promoción de Biología, a sus señorías de *Ciencia y Sociedad,* a los *Garruchitas,* a los *Condemores*, a las cuasiolímpicas *Fitgirls,* a todos los amigos «sueltos» (sin grupo pero importantísimos en mi corazón) que me atestaban (maravillosamente) el WhatsApp tras la salida de cada nuevo artículo y a mis queridos estudiantes y exalumnos, que hacen que nunca me haya molestado el fin de las vacaciones.

Entramos en el tercer círculo, el de las identidades propias. Las palabras me son insuficientes para agradecerles lo que hacen por mí.

A mi madre, creyendo en mis posibilidades desde que nací y siempre aplaudiéndome y estimulándome en todas mis iniciativas. Es la mujer perfecta como referente vital, un canto a la creencia de que el optimismo es rentable y una de las inspiraciones de este libro.

A mis hijas, que me ven a mí como yo veo a mi madre. Espero poder seguir transmitiendo con ellas (y a través de ellas) la fuerza enorme de la esencia del ser mujer. Son el motor de mi vida y el sentido absoluto del concepto de amor incondicional.

A mi padre, que antes de morir me quiso tanto que todavía tengo las reservas de cariño abarrotadas.

A mi abuelo Blas, hombre del Renacimiento. Por él decidí ser científica a los siete años cuando, en la convalecencia de mi hepatitis y globo terráqueo en mano, me explicó la teoría de la deriva continental.

A mi hermano, sin cuyo sentido del amor y del humor (a partes iguales) yo no sería la que soy.

A Rorri, mi amiga del alma que nunca falla, por compartir mis sueños y decepciones desde la niñez, y siempre entre sonrisas, risas y/o carcajadas.

A D. José María González Donoso, mi profesor de Paleontología y Evolución y mi referente profesional. Él revolucionó mi forma de entender la biología, estimuló mi mente como nadie, me incitó a generar mis propias ideas y me hizo sentir orgullosa de ellas. Algo impagable para una estudiante de veinte años.

A Antonio Diéguez, José María Pérez y Alfonso Tinoco, por solucionarme pequeñas dudas y diatribas científico-técnicas con eficacia, agrado y sonrisa permanentes. Raúl Caballero lo mismo y de la misma manera, pero con mis lagunas sobre los clásicos.

A Miguel Ángel Medina, por la valiosa lectura crítica del manuscrito de este libro, por animarme desde siempre a escribir y por ser un colega y amigo absolutamente perfecto.

A Paul Palmqvist, mi tesoro en la facultad. Nunca se ha conocido un vikingo que integrase de manera tan contundente inteligencia, generosidad, amistad y cariño. Espero que, como yo, no se jubile nunca.

A mi marido, por la lectura crítica del manuscrito, por su agudísimo sentido de la ironía, por sus inspiradoras conversaciones, por su continua apuesta por mí y por quererme incondicionalmente.

Estar rodeada de personas de tan extraordinaria naturaleza es, estadísticamente, el suceso imposible. Soy consciente de lo afortunada que soy.

CRÉDITOS DE LAS ILUSTRACIONES

Pág. 79: © Salomart, basada en la ilustración original de Veterian Key-Fastest Veterinary Medicine Insight Engine.

Pág. 85: © Salomart, basada en la ilustración original de Universidad Nacional Autónoma de México (UNAM), 2021.

Pág. 87: © Salomart, basada en la ilustración de © Sciencia58 / Wikimedia.

Pág. 99: © Bible Land Pictures / Akg-images / Album.

Pág. 102: © Ben Birchall/PA Images via Getty Images.

Pág. 155: © ArchaeoMouse / Wikimedia.

Colección Metatemas

137. La lógica de los monstruos
¿Hay alternativas a la naturaleza
tal como la conocemos?
Ricard Solé

138. Teoría de la creatividad
Eclosión, gloria y miseria de las ideas
Jorge Wagensberb

139. El jazz de la física
El vínculo secreto entre la música y la estructura
del universo
Stephon Alexander

140. El camino hacia la relatividad
El artículo de Einstein que cambió la ciencia
Hanoch Gutfreund

141. Hablaba con las bestias, los peces y los pájaros
Konrad Lorenz

142. Sólo se puede tener fe en la duda
Pensamiento concentrado para una realidad dispersa
Jorge Wagensberg

143. La analogía
El núcleo del pensamiento
Douglas R. Hofstadter | Emmanuel Sander

144. Cuando el hombre encontró al perro
Konrad Lorenz

145. Seamos tan inteligentes como la naturaleza
Gunter Pauli

146. El último abrazo
Las emociones de los animales
y lo que nos cuentan de nosotros
Frans de Waal

147. La física cuántica del futuro
El QBismo y la nueva interpretación de la realidad
Hans Christian von Baeyer

148. El desconocido Albert Einstein
Luis Navarro Veguillas

149. El cosmos de la mente
Breve historia de cómo el hombre ha creado el universo
Edoardo Boncinelli | Antonio Ereditato

150. Más allá de las leyes físicas
El largo camino desde la materia hasta la vida
Stuart Kauffman

151. Genes, cerebros y símbolos
Las raíces de la naturaleza humana
Jordi Agustí

152. Guía turística para exploradores del espacio
Antonio Ereditato

153. Diferentes
Lo que los primates nos enseñan sobre el género
Frans de Waal

154. Mil cerebros
Una nueva teoría de la inteligencia
Jeff Hawkins

155. Una mente infinita
La revolución de la inteligencia artificial
Antonio Luis Flores Galea

156. El sexo injusto
Una visión femenina de la evolución humana
Victoria de Andrés